农业转基因

科技引领　安全护航

苏敏莉　贺小勇　王桂花　主编

中国农业出版社

北　京

编　委　会

前言
PREFACE

　　现代生物育种是一个新兴产业，具有广阔的发展前景。所应用的转基因技术是通过将人工分离或修饰的基因导入生物体，使其在抗病虫、抗逆、改善营养和品质等方面满足农业生产和人类消费的需求。

　　近年来，随着现代生物育种技术逐步兴起，关于转基因优劣的争论也愈演愈烈，问题主要聚焦在食用安全、环境安全和产业安全三个方面：一是忧心食品安全，害怕会危害身体健康，甚至影响下一代；二是担心生态环境问题，转基因作物释放后是否会引起杂草耐药性、害虫抗药性，影响生物多样性等；三是转基因作物商业化种植，是否会扰乱我国常规作物的产业安全。

　　为贯彻2024年中央1号文件"推动生物育种产业化扩面提速"的决策部署，普及农业转基因生物技术和安全管理知识，让公众了解转基因技术，了解转基因食品的安全性以及管理制度，内蒙古自治区生物育种产业化团队特组织相关领域专家，参考权威资料编写了《农业转基因：科技引领　安全护航》一书，以期引导公众理性、客观地认识转基因。

CONTENTS

前 言

五、 转基因生物实验室、温室及试验基地的安全管理/59

一、转基因技术概况

（一）转基因技术的出现与发展 /////////////////////////////////

随着自然科学研究成果及实验方法逐渐应用于农业，农学研究发生了从表象经验总结到现代农业科学的质变。一般认为，1840年李比希经典著作《有机化学在农业和生理学上的应用》的发表，标志着现代农业科学系统发展的开始。从此，以实验为基础的各门农业科学逐渐形成。农业化学在作物栽培中的应用，催化了化学肥料工业的建立和植物生理学、植物营养学的发展，促进了作物栽培技术的现代化。19—20世纪，孟德尔遗传定律和基因学说的提出，孕育了现代作物育种学，生物化学、生理学、病理学、解剖学、遗传学等学科逐步微观化，家畜的育种、繁育和饲料科学以及兽医学等开始迅速发展。

20世纪以来，合成化学工业的兴起，促进了各种农药、农用塑料等的研究，植物保护手段日益精进；生态科学和系统科学在农业中的应用，从宏观上为农业科学的发展开拓了新领域；随着细胞遗传学和分子遗传学的深入发展，遗传工程等生物技术开始在农业生产中展现成果，遗传理论研究的突破实现了基因资源的种内转移，具有代表性的有美国的杂交玉米、墨西哥的矮秆小麦、我国的杂交稻等，预告着在育种技术上一场新的革命拉开序幕。

当下，以基因组学、合成生物学、分子生物学为代表的基因工程推动着新一轮农业科技和产业绿色革命。基因工程的推广应用使整个生物科学、生物技术迈入了一个新的时代，传统的生物技术也因与基因工程结合，被赋予新的动能。例如，用传统生物技术获得1毫克生长抑制素，需要10万只羊的下丘脑，所耗资金无计，而借助基因工程，将人工合成的生长抑制素释放因子基因转移到大肠杆菌中表达，2升大肠杆菌培养液就可以获得1毫克生长抑制素，成本大大降低。

基因技术推动生命科学进入高速发展的新时代。从分子水平上看，大多数农作物都是长期人工选育、基因随机交换的结果，可以说基因交换贯穿整个生物进化周期，固有观念里的"原生态""纯天然"并非真实存在。基因，即决定生物体性状的遗传因子，存在于脱氧核糖核酸（DNA）上，一根发丝宽度的细菌DNA上可容纳数百个基因。自然界普遍存在基因转移的现象，有一种原核微生物——根瘤农杆菌，是天生的转基因高手，能将细菌基因转入高等植物中，使植物长出冠瘿瘤。

　　广义上的转基因技术是指利用现代生物技术，将人们期望的目标基因，经过人工分离、重组后，导入并整合到生物体的基因组中，从而改善生物原有的性状或赋予其新的优良性状。通俗来说，就是人为将一种生物的一个或几个已知功能基因转移到另一种生物体内安家落户，使该生物获得新功能的一种技术。

　　转基因技术是科技进步的产物，其过程按照实现途径分为人工转基因和自然转基因；按照受体对象又分为植物转基因技术、动物转基因技术和微生物基因重组技术。

　　转基因育种技术与传统杂交育种技术一脉相承。转基因育种与传统杂交育种都是对基因进行转移和重组，传统杂交育种的技术路线是将携带优良基因的供体品种与拟改良的品种杂交，得到含优良基因的新品种；转基因育种的技术路线是将已知的单个优良基因通过转化导入拟改良的品种中，得到含有该优良基因的新品种。不同的是，在传统杂交育种中，囿于生殖隔离，一般为种内基因转移，而转基因育种则能够打破物种界限实现基因转移，拓宽遗传资源利用范围，更为精准、高效和可控。转基因育种技术是传统杂交育种技术的延伸、发展和突破，与传统杂交育种技术一脉相承。转基因育种与传统杂交育种虽方法不一样，但本质相同，都是通过基因转移对原有品种的基因进行改造，但基因工程使得转基因育种更为精确、效率更高、更有可控性和预见性。

农作物生物育种技术是以转基因技术为核心，融合分子标记、细胞工程、杂交选育等常规手段的先进技术。

(二) 转基因技术的应用 //////////////////////////////////////

目前，转基因技术已广泛应用于医药、工业、农业、环境保护、能源等领域。转基因技术率先在医药领域得到应用，1982年美国食品药品监督管理局（FDA）批准利用转基因微生物生产的人胰岛素商业化生产，这是世界首例商业化应用的转基因产品。此后，利用转基因技术生产的药物层出不穷，如重组疫苗、生长抑素、干扰素、人生长激素等。此外，转基因技术在工业中也有长久的应用历史，如利用转基因菌生产食品用酶制剂、添加剂和洗涤酶制剂等。此外，转基因技术还被广泛应用于环境保护和能源领域，如污染物的生物降解以及利用转基因生物发酵燃料酒精等。

　　转基因技术在农业中的应用也十分广泛，包括转基因动物、植物及微生物的培育，其中转基因农作物发展最快，具有抗虫、抗病、耐除草剂等性状的转基因农作物已经得到大面积推广，品质改良、养分高效利用、抗旱耐盐碱转基因农作物纷纷面世，为实现生态安全、粮食安全、农民增收及提高农业竞争力奠定了基础。例如，第一代转基因作物通过将微生物杀虫蛋白基因或耐除草剂基因转移到作物上以获得抗虫或耐除草剂性状，进而减少农药使用，降低农药残留和环境污染及农产品安全风险，减少人工成本。

（三）全球转基因作物的发展历程

育种技术一直随着科技进步而不断发展，经过最初的自然驯化、人工选择、人工诱变、杂交育种，逐步发展到现在的分子标记辅助育种、分子设计育种和转基因育种技术，育种理念不断微观化，技术路线逐渐精准化，但在应用原理上，转基因育种技术与传统育种技术是一脉相承的。

　　传统育种是依靠品种间的杂交实现了基因重组，而转基因育种是通过基因定向转移实现了基因重组，两者本质上都是通过改变基因组成或顺序以获得优良性状。转基因育种的优势在于可以实现跨物种的基因发掘，拓宽遗传资源的利用范围，实现已知功能基因的定向、高效转移，使生物获得人类需要的特定性状，为高产、优质、高抗农作物新品种培育提供新的技术途径。

　　这种基于对基因进行精确定向操作的育种方法，效率更高，针对性更强。例如，抗虫棉花是指将苏云金芽孢杆菌中的杀虫蛋白基因转移到棉花中，从而能够专一抑制棉铃虫发生，减少棉铃虫危害，减少农药使用，实现稳产增产、提质增效；耐除草剂作物是指将耐草甘膦除草剂的基因转入农作物，使得在使用草甘膦除草时能够只除草而不危及作物，既增加了种植密度，有效去除杂草，又能降低劳动强度和除草成本，从而提高种植效益。

1.国际上的农业转基因技术发展态势

　　2023年，全球转基因作物种植面积达到2.063亿公顷，是1996年的121倍，约占全球总耕地面积的13.38%，累计种植面积达34亿公顷。批准转基因作物种植的国家由1996年的6个增加到2023年的30个，加上批准进口的45个国家和地区，全球商业化应用转基因作物的国家和地区已增加到75个。

2023年全球主要转基因作物种植国家的转基因作物种植面积

排名	国家	种植面积（亿公顷）
1	美国	0.744
2	巴西	0.669
3	阿根廷	0.231
4	印度	0.121
5	加拿大	0.115
6	巴拉圭	0.043
7	南非	0.033
8	中国	0.028
9	巴基斯坦	0.023
10	玻利维亚	0.015
11	其他国家	0.041
	全球（30个国家）	2.063

2023年批准种植转基因作物的30个国家

洲	国家和地区
亚洲	中国、印度、巴基斯坦、菲律宾、缅甸、越南、孟加拉国、印度尼西亚
欧洲	西班牙、葡萄牙
北美洲	美国、加拿大、墨西哥、洪都拉斯、哥斯达黎加
非洲	南非、苏丹、埃斯瓦蒂尼、马拉维、尼日利亚、埃塞俄比亚、肯尼亚
南美洲	巴西、阿根廷、巴拉圭、乌拉圭、玻利维亚、哥伦比亚、智利
大洋洲	澳大利亚

　　大豆、玉米、棉花和油菜四大主要转基因作物是30个国家中种植最多的转基因作物。其中，转基因大豆种植面积最高，为0.919亿公顷，占全球转基因作物总种植面积的48%。

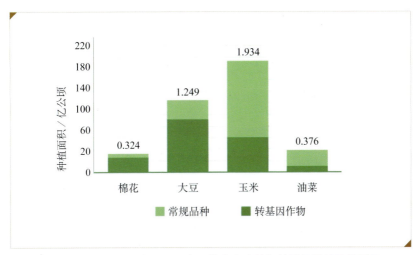

2019年全球转基因大豆、玉米、棉花和油菜与其常规品种种植面积

注：资料来源为ISAAA，2019年。

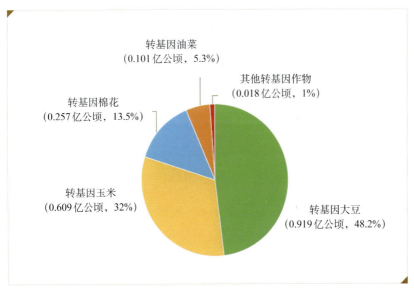

2019年全球转基因大豆、玉米、棉花和油菜种植面积在
全球转基因作物总种植面积中的占比

注：资料来源为ISAAA，2019年；其他转基因作物包括糖用甜菜、马铃薯、苹果、
南瓜、番木瓜、茄子。

据统计，2023年全球72.4%大豆、34%玉米、76%棉花、24%油菜均为转基因品种，2024年转基因小麦已在阿根廷开始商业化种植。

截至2023年，全球批准商业化种植的转基因作物已增加至32种，分别为苜蓿、苹果、阿根廷油菜、大豆、玉米、番木瓜、匍匐剪股颖、茄子、桉树、亚麻、菊苣、甜瓜、豆子、矮牵牛、李子、波兰油菜、杨树、马铃薯、水稻、玫瑰、康乃馨、南瓜、糖用甜菜、甘蔗、甜椒、烟草、番茄、小麦、红花等。

2017年，首批转基因苹果在美国销售。2019年，另一个防褐变苹果品种Arctic® Gala被批准商业化，Intrexon公司还成功地将这种防褐变性状引入到Green Venus™蔬菜中。一些新产品，例如防褐化马铃薯等被不断推出。2024年，阿根廷推出耐旱转基因小麦HB4。

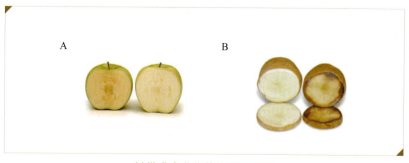

被批准商业化的转基因作物

注：A为切面氧化褐变与无变化的苹果对比，美国防褐变苹果种植面积265公顷；B为切面氧化褐变与无变化的马铃薯对比，美国和加拿大防褐变马铃薯种植面积2 265公顷。

如今，全球转基因技术研发势头强劲，部分发达国家正在抢占这个技术的制高点，很多发展中国家也在积极跟进。美国政府态度积极，方向明确，已经占据了全球转基因产业发展先机，在全球种业中具有明显优势。

（1）美国

美国是最早批准商业化种植转基因作物的国家，转基因抗虫玉米和耐除草剂大豆的种植面积已分别超过自身玉米、大豆总种植面积的90%，且美国市场上70%的加工食品中都含有转基因成分。2019年，具有低棉酚含量的转基因棉花TAM66274获得美国农业部动植物卫生检验局的非监管状态批准，并获得FDA批准在本国商业化，可用于人类食品和动物饲料。

美国转基因研发、种植和消费水平均居全球第一。2011年9月22日，美国农业部部长办公室生物技术协调员迈克尔·沙克曼公开指出，美国的转基因大豆消费历史近20年，超市货架上2/3的食品含有转基因成分。美国生产的大豆和玉米，90%以上是转基因品种。2014—2015年，转基因马铃薯、苹果、三文鱼陆续上市。

美国大豆和玉米的出口及国内使用情况

种类	产量/亿吨	出口量/万吨	国内使用量或消费量占比/%
大豆	1.20	5 620	53
玉米	3.71	5 842	84

美国转基因研发和产业化水平全球领先。2019年，美国转基因作物总种植面积为7150万公顷，占全球总种植面积的38%，主要作物平均应用率为94%，与2018年相似。种植的转基因作物主要有大豆（3 043万公顷，比2018年减少360万公顷）、玉米（3 317万公顷）、棉花（531万公顷）、油菜（80万公顷）、甜菜（45.41万公顷），转基因技术支撑着美国玉米产业发展。通过1990—2009年中美玉米单产比较，可以看出20年来中国玉米单产增长速度缓慢，平均每年每公顷增长39千克，远低于美国[154千克/（公顷·年）]，更低于阿根廷[244千克/(公顷·年)]等发展中国家，中国玉米生产的科技贡献率还很低。

而技术创新是美国玉米单产突破的关键，20世纪90年代转基因技术的发展，及其与常规单交育种技术、双单倍体育种（DH）技术、分子标记辅助育种技术的深度融合促进了美国玉米生物育种新的突破。同时，转基因技术在农业上的应用，支撑了美国大豆产业发展，也拉大了中美大豆单产的差距。而美国小麦因无转基因技术支撑，其单产明显落后于中国。

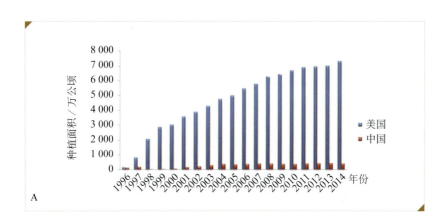

A

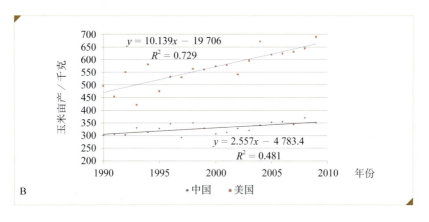

B

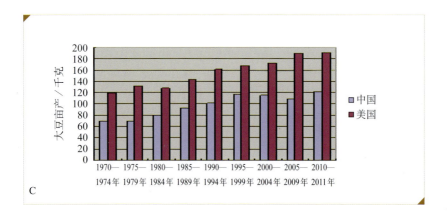

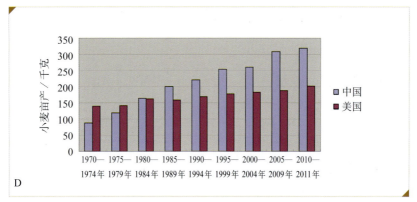

中美转基因作物种植面积及部分农作物单产比较

注：A为1996—2019年中美转基因作物种植面积比较；B为1996—2019年中美玉米单产比较；C为1996—2019年中美大豆单产比较；D为1996—2019年中美小麦单产比较。

近年来，美国在转基因育种领域不断突破，2023年6月28日，美国农业部动植物卫生检验局宣布2项基因编辑薐葇符合豁免标准。这2项基因编辑薐葇种子的含油量能达到30%～33%，可作为一种新的油料作物与玉米、大豆轮。2023年11月14日和30日，美国农业部动植物卫生检验局宣布对1项转基因大豆、2项转基因玉米、4项转基因亚麻荠、1项基因编辑薐葇、2项基因编辑玉米、1项基因编辑芥菜、1 项基因编辑香蕉和 10 项基因编辑大豆解除管制。其中，1 项转基因玉米兼具抗玉米根虫和耐草铵膦的特性，3 项基因编辑大豆具有改善风味的特性，6 项基因编辑大豆具有提高产量的特性。2024 年 3 月 7 日，FDA 批准将基因编辑马铃薯 JA36 用于食品和饲料。该基因编辑马铃薯通过 CRISPR/Cas9 基因编辑技术敲除了 *Gn2* 基因，能够产生更多块茎。

（2）欧盟及其他地区

欧盟的转基因农产品消费水平较高。目前欧盟批准种植的作物只有 1 种：转基因抗虫 Bt 玉米 MON810。允许种植的国家有 2 个：西班牙、葡萄牙。2019 年，西班牙和葡萄牙分别种植了 107 130 公顷和 4 753 公顷的转基因玉米，共计 111 883 公顷，比 2018 年减少了 7.5%。欧盟批准进口的转基因产品涉及 5 种作物：大豆、玉米、棉花、油菜和甜菜，每年进口 3 000 万吨大豆和大豆产品（其中 90%～95% 为转基因产品），进口 1 000 万～2 000 万吨玉米产品（其中 20%～25% 为转基因产品），进口 250 万～500 万吨油菜籽产品（近 25% 为转基因产品），主要用于饲料。近年来随着转基因技术的不断普及，其安全性得到长效验证，欧盟开始逐步放宽转基因相关制约。

欧洲的转基因研发水平曾一度领先于美国，之后态度趋于谨慎，导致转基因技术逐渐落后于美国。但是，目前欧盟正在逐步放宽转基因政策，由保守向积极转变。如今，欧盟部分成员也在积极推动

政策调整，2013年西班牙、葡萄牙、罗马尼亚、捷克、斯洛伐克5个欧盟国家的抗虫玉米种植面积已达到14.8万公顷，其中西班牙种植面积最大。2014年2月11日，欧盟部长会议通过了对先锋国际良种公司培育的新型转基因抗虫玉米TC1507的许可。2019年底前，2个新的玉米品种和3个已获授权的玉米和甜菜更新品种获批用于食物和饲料用途。

2023年6月5日，欧洲食品安全局（EFSA）发布了对转基因玉米Bt11×MIR162×MIR604×MON89034×5307×GA21及其子组合的食用、饲用、进口和加工评估报告。EFSA转基因专家组认为，该转基因玉米及其子组合不会引起食品/饲料安全和营养问题，在对人类和动物健康以及环境产生的潜在影响方面，与其同类常规品种同等安全。2024年1月30日，欧盟委员会发布公告，扩大转基因油菜GT73的应用范围，授权含有、包含或由转基因油菜GT73制造的食品、食品成分和饲料投放市场。该转基因油菜GT73由拜耳公司研发，具有耐草甘膦的特性。2024年5月24日，EFSA发布了由转基因大肠杆菌菌株产生的食品酶纤维二糖磷酸化酶、由转基因米曲霉菌株产生的食品酶羧肽酶的安全性评估报告。2024年3月20日，欧盟委员会发布了关于生物技术和生物制造产业目前面临的挑战以及应对策略的分析报告，报告指出，生物技术在医疗保健、粮食安全、应对人口和环境挑战等方面具有重要意义，但同时面临冗长复杂的监管审批程序和不确定的研发资金等挑战，拟提出简化生物技术监管框架的应对策略。这表明欧盟正在着手于转基因技术的应用，同时印证了转基因技术的安全性。

　　全球农业转基因技术应用的迅猛发展，改变了全球贸易格局。南非、印度加快推进转基因作物产业化，分别从玉米、棉花进口国变成出口国。阿根廷多年坚持推进转基因玉米和大豆产业化，作物平均单产由 1995—1999 年的 5 130 千克/公顷提高到 2005—2009 年的 7 065 千克/公顷，10 年间提高了 38%。巴西于 2003 年才开始强力推动转基因作物发展，2011 年种植面积就已经达到 3 030 万公顷，占全球种植面积的 19%，位居世界第二，种植面积增速居世界第一。巴西的农业出口额约占全部出口总额的 35%，大豆及相关加工产品出口量已占全部出口总量的 27%，总额达 165 亿美元。巴西种植转基因大豆后，由进口国转变为出口国。

　　全球农业转基因技术应用的迅猛发展，提高了全球农业生产水平，使农作物产量增加 22%，农药使用量减少 37%，从而使农民增收 68%（据欧洲 Klump 和 Qaim 对全球 20 年 147 项调查综合分析）。1996—2015 年的 20 年间，全球转基因作物累计种植面积达到空前的 20 亿公顷，相当于中国陆地总面积（9.60 亿公顷）或美国国土面积

（9.37亿公顷）的2倍。这累计的20亿公顷包括10亿公顷转基因大豆、6亿公顷转基因玉米、3亿公顷转基因棉花和1亿公顷转基因油菜。20年间，农民获益超过1 500亿美元。同时，全球农业转基因技术应用的迅猛发展，催生了转基因作物育种这一新兴产业市场的繁荣，1996—2018年，转基因作物种植国家和地区中获益最大的几个国家依次是美国、阿根廷、巴西、印度、中国、加拿大、其他国家和地区。

转基因生物育种技术的经济、社会和生态效益正在逐渐显现。转基因作物的大面积种植，提高了全球农作物产量和种植业者收入。1996—2012年，因种植转基因作物产生的农业增收约为1 170亿美元，其中58%得益于降低成本，42%得益于因种植转基因作物增加的3.77亿吨产量。如果不种植转基因作物，3.77亿吨的产量需要额外的1.23亿公顷耕地来实现，种植转基因作物间接达到节省耕地的目的。同时，种植转基因作物保护了生态环境，1996—2012年，因种植转基因作物全球节省了4.97亿千克（9%）的农药，2012年一年减少了270亿千克CO_2排放。种植转基因作物改变了人们的耕作模式和习惯，生物技术与免耕/粗放耕作模式的结合更利于水土保持。2012年，种植转基因作物帮助超过1 650万户小农户减轻贫困。

新一代生物育种产品陆续问世，在满足农业生产需求的同时逐步向功能性产品发展。2013年，美国创制育成广谱抗虫、耐除草剂复合性状产品和耐旱玉米；2014年，孟加拉国创制育成抗虫茄子，巴西创制育成耐除草剂兼抗虫大豆；2015年，美国创制育成优质（不褐变、低丙烯酰胺）马铃薯，加拿大创制育成优质（不褐变）苹果，菲律宾、孟加拉国创制育成黄金大米，美国创制育成高营养含 ω-3 脂肪酸、高油酸）大豆，巴西创制育成耐旱甘蔗、抗病毒菜豆等。其他作物，如低碳排放水稻（瑞典）、高 ω-3 脂肪酸亚麻（英国）等也陆续问世。

美国、日本、澳大利亚等发达国家均加强了生物育种领域功能基因的挖掘和利用，拥有的水稻、小麦、玉米、棉花、大豆等作物基因专利数量超过全球总数的 70%。跨国公司纷纷抢滩登陆，在我国建立研发机构，在关注产业核心技术和产品研发的同时，积极向基础研究领域以及产业链的上下游延伸。

随着科技创新水平不断提高，生物育种不仅会对农业自身发展产生重大影响，而且还会向食品、医药、化工、能源、环保、材料等领域进一步拓展，其应用前景将更加广阔。转基因作物商业化应用在更大规模、更大范围快速扩大，并不断向多功能、多领域拓展。

全球转基因技术应用的实践表明，抗虫和耐除草剂等转基因作物的广泛应用能够提高作物抗虫、耐除草剂、耐盐、抗旱等能力，防止减产，降低损失，从而达到提升品质、保护环境、提高产量的效果。例如，巴西、阿根廷等国种植转基因大豆后，因大豆产量大幅提高，已成为全球第二、第三大豆出口国。南非推广种植转基因抗虫玉米后，因虫害得到抑制，种植密度增加，单产提高了一倍，一举由玉米进口国变成出口国。印度引进转基因抗虫棉后，由棉花

进口国变成了出口国。2013年，我国抗虫棉种植面积420万公顷，其中自主研发的抗虫棉占95%，不仅减少了农药使用，而且提高了棉农收入。

2.我国转基因作物发展历程

我国从1997年开始商业化种植转基因作物，抗虫棉是我国第一个获准商业化生产的转基因农作物，也是目前我国唯一在生产上大规模应用的转基因产品。1988年，我国首次获得转基因水稻植株，此后水稻转基因研究取得突飞猛进的发展，研发出一系列抗虫、抗病、耐除草剂转基因水稻，并且有多项进入田间试验，具备了产业化的前期条件。2007年，转基因油菜、小麦和大豆分别被批准进入生产性试验。2009年，我国通过对转基因 *Bt* 水稻的生物安全认证，同年，我国自主研发的转植酸酶基因玉米通过安全性评价，并获得安全证书。2019—2020年，转基因抗虫耐除草剂玉米和耐除草剂大豆获得安全证书。2023年，我国审定通过第一批转基因玉米、大豆品种。

我国对转基因技术一直持谨慎态度，对转基因技术研究应用的基本政策是积极稳妥，也就是说，在研究上要大胆，在推广上要慎重。一方面，要大胆研究创新，占领转基因技术制高点，拥有自主知识产权，积极参与国际竞争；另一方面，要严格按照国际标准和国家法律法规，稳步推进转基因农作物产业化、商业化应用，确保安全。在指导原则上，一要坚持自主创新、重点突破。从我国农业生产重大需求出发，突破核心关键技术，抢占科技竞争制高点。针对我国干旱、盐碱、病虫多发、气候变化等农业发展重大问题，实施抢占制高点、技术储备、产业应用等战略。优先攻克抗旱、抗虫、耐除草剂等性状在主要农作物应用上的技术难关，培育转基因优质棉、抗虫及抗旱玉米、耐除草剂大豆等新品种，带动现代种业发展。二要坚持科学评估、审慎决策。严格按照法律法规和技术标准，遵循国际通行原则，开展科学评价，完善信息公开和部门会商机制。三要坚持规范程序、依法管理。严格规范试验、评价、决策和监管程序，加大监管力度，实现研究、试验、生产、加工、经营和进出口的全程监管。四要坚持分类指导、分步推进。综合评估科学、经济、贸易、社会、文化等因素，按照"非食用→间接食用→食用"的步骤推进产业应用。需要指出的是，这种推进顺序不是由于安全性限制，而是综合考虑了产业需求、国内外竞争态势和公众的接受程度。因为，只要通过安全评价、获得安全证书的转基因生物及其产品就是安全的，包括粮食作物。

同时，我国也非常重视转基因的发展，近几年连续出台了很多规范性文件和鼓励发展的政策，连续多年在中央1号文件中作出明确指示。习近平总书记表示，"转基因是一项新技术，也是一个新产业，具有广阔发展前景。作为一个新生事物，社会对转基因技术有争议、有疑虑，这是正常的。对这个问题，我强调两点：一是确保安全，二是要自主创新。也就是说，在研究上要大胆，在推广上要慎重。转基因农作物产业化、商业化推广，要严格按照国家制定的技术规程规范进行，稳打稳扎，确保不出闪失，涉及安全的因素都要考虑到。要大胆创新研究，占领转基因技术制高点，不能把转基

因农产品市场都让外国大公司占领了。"

2007年中央1号文件提出，要加强农产品质量安全监管和市场服务，严格执行转基因食品、液态奶等农产品标识制度。

2008年，我国启动转基因生物新品种培育科技重大专项。2009年，国务院发布《促进生物产业加快发展的若干政策》，提出"加快把生物产业培育成为高技术领域的支柱产业和国家的战略性新兴产业"。

2009年中央1号文件提出，加快推进转基因生物新品种培育科技重大专项，整合科研资源，加大研发力度，尽快培育一批抗病虫、抗逆、高产、优质、高效的转基因新品种，并促进产业化。

2010年中央1号文件提出，继续实施转基因生物新品种培育科技重大专项，抓紧开发具有重要应用价值和自主知识产权的功能基因和生物新品种，在科学评估、依法管理基础上，推进转基因新品种产业化。

2012年中央1号文件提出，继续实施转基因生物新品种培育科技重大专项，加大涉农公益性行业科研专项实施力度。

2015年中央1号文件，将转基因技术科学普及工作列入其中。

2016年中央1号文件提出，加强农业转基因技术研发和监管，在确保安全的基础上慎重推广。

2020年中央1号文件提出，加强农业关键核心技术攻关，部署一批重大科技项目，抢占科技制高点。加强农业生物技术研发，大力实施种业自主创新工程，实施国家农业种质资源保护利用工程。

2021年中央1号文件提出，要打好种业翻身仗，加快实施农业生物育种重大科技项目，有序推进生物育种产业化应用。

2022年中央1号文件提出，要大力推进种源等农业关键核心技术攻关，启动农业生物育种重大项目。

2023年中央1号文件提出，要深入实施种业振兴行动，全面实施生物育种重大项目，加快玉米大豆生物育种产业化步伐，有序扩大试点范围，规范种植管理。

2024年中央1号文件提出，要强化农业科技支撑，推动生物育种产业化扩面提速。

"十三五"规划指出，以加快推进农业现代化、保障国家粮食安全和农民增收为目标，超前部署农业前沿和共性关键技术研究，包括"生物育种研发、粮食丰产增效、主要经济作物优质高产与产业提质增效、农业面源和重金属污染农田综合防治与修复"等11个方面。"十三五"规划提出，将加大转基因棉花、玉米、大豆研发力

度，推进新型抗虫棉、抗虫玉米、耐除草剂大豆等重大农产品产业化。多年的中央1号文件和长期的规划显示，国家非常明确转基因农产品的发展方向。

抗虫棉的产业化是我国自主发展转基因育种抢占国际生物技术制高点的范例。2008—2017年，育成转基因抗虫棉新品种159个，累计推广4.5亿亩，减少农药用量40多万吨，增收节支社会经济效益500多亿元，国产抗虫棉市场份额达到96%。截至2012年底，在河北、山东、河南、安徽等植棉大省，该比例已达到100%。受益农民总数超过1 000万人，累计增收超过939亿元，仅2012年就超过135亿元。杀虫剂用量降低了70%～80%，农业生态环境得到显著改善。抗虫棉不仅在国内市场占有绝对优势，而且技术对外出口，在国际生物育种领域争得了一席之地。抗虫棉的应用，显著降低了棉铃虫对棉花、玉米、大豆、蔬菜等多种作物的危害，总受益面积达3.3亿亩。

在国家政策的支持和鼓励下，棉花、水稻、玉米、小麦、大豆五大作物转基因育种与常规育种技术的深度结合、自主创新研究取得快速进展，例如：2009年，转*cry1Ab/cry1Ac*基因抗虫棉科欣558（国家半干旱农业工程技术研究中心研发）、转*cry1Ab/cry1Ac*和*CpT I*基因抗虫棉花中3901（中国农业科学院棉花研究所研发）、转*cry1Ab/cry1Ac*基因抗虫水稻华恢1号及Bt汕优63（华中农业大学研发）、转植酸酶*phyA2*基因玉米BVLA430101（中国农业科学院生物技术研究所研发）等获得农业部颁发的农业转基因生物安全证书，成为我国转基因育种技术水平提升的重要里程碑。2019年，转

cry1Ab 和 *epsps* 基因抗虫耐除草剂玉米 DBN9936（北京大北农生物技术有限公司研发）、转 *cry1Ab/cry2Aj* 和 *g10evo-epsps* 基因抗虫耐除草剂玉米瑞丰 125（杭州瑞丰生物科技有限公司、浙江大学研发）、转 *g10evo-epsps* 基因耐除草剂大豆 SHZD3201（上海交通大学研发）获得农业农村部颁发的生产应用安全证书。2020 年，转 *epsps* 和 *pat* 基因耐除草剂玉米 DBN9858（北京大北农生物技术有限公司研发）、转 *g2-epsps* 和 *gat* 基因耐除草剂大豆中黄 6106（中国农业科学院作物科学研究所研发）获得农业农村部颁发的生产应用安全证书。2021 年，我国开始转基因玉米、大豆试点工作，在科研试验田开展；2022 年，扩展到内蒙古、云南的农户试点；2023 年，扩展到河北、内蒙古、吉林、四川、云南 5 个省份的 20 个县，并在甘肃安排制种。2023 年 10 月第一批转基因玉米、大豆品种通过国家审定，包括 37 个玉米品种和 14 个大豆品种。2024 年 3 月第二批转基因玉米、大豆通过国家审定，包括 27 个玉米品种和 3 个大豆品种。2024 年 5 月，美国农业部公布苏州齐禾生科生物科技有限公司的基因编辑高油酸大豆 P16 获得监管豁免，这是我国在美国获得监管豁免的第一个基因编辑产品。

二、农业转基因技术的价值与应用

（一）农业转基因技术的主要价值//////////////////////////////////

1.转基因技术的定义

　　基因为英语gene的音译，是DNA分子中含有特定遗传信息的一段核苷酸序列的总称，是具有遗传效应的DNA片段，是控制生物性状的基本遗传单位，是生命的密码，记录和传递着遗传信息。转基因技术是指将供体生物体内的功能（目的）基因与载体在体外进行拼接重组，然后转入另一受体生物体内，使之按照人们的意愿稳定遗传并表达出新产物，在性状、功能、表型、营养、消费品质等方面满足人类需要的技术。转基因技术与常规杂交育种的区别主要表现在两个方面：一是由于不同物种间存在生殖隔离，传统技术往往仅在同一物种内的个体上实现基因转移，而转基因技术却不受物种间亲缘关系的限制，可打破不同物种间生殖隔离，扩大基因的可利用范围；二是由于涉及物种个体间整个基因组的交流，致使传统的育种技术仅在物种的性状水平上进行选择时不能准确地对某个基因控制的性状进行精准选择，即对后代表现的预见性较差，且选择压力较大，具有一定的盲目性，而转基因技术中遗传转化的基因是经过明确定义且功能清晰的基因，即对后代表现具有较高的指向性与预见性。因此，将二者紧密结合，能快速培育多抗、优质、高产、高效新品种，大大提高作物品种改良效率，并可降低农药、肥料投入，在缓解资源压力、保障食物安全、保护生态环境、拓展农业功能等方面潜力巨大。人们熟知的遗传工程或基因工程等，均为转基因技术的同义词。国际上，转基因生物被称为"遗传修饰生物"。

什么是转基因

2.农业转基因技术的含义

转基因技术在农业上的应用主要为分子生物育种。利用转基因技术将高产、抗逆、抗病虫、提高营养品质等已知功能性状的基因，通过DNA重组方法转入受体生物体中，使受体生物在原有遗传特性基础上增加新的功能特性，获得新品种，生产新产品。转基因生物是指利用DNA重组技术将外源基因整合到受体生物基因组中，产生具有目标性状的生物体，包括转基因植物、动物和微生物。与传统杂交育种相比，转基因育种最大的特点是打破了物种界限，实现了遗传物质交流和遗传基因组合，具备了把来源于不同物种基因集中

到一起的可能。在自然界中，基因突变是普遍存在现象，转基因也可以看成突破物种界限的爆发式基因突变。基因的交换、转移和改变是自然界中常见的现象，是推动生物进化的重要力量，因此，转基因技术具有广阔的应用范围和应用前景。

目前，农业转基因产业化应用最多最广的是转基因农作物培育。转基因农作物培育是指通过基因重组技术，将来源于其他生物的目的基因转入作物细胞内，经过培育、筛选，得到具有特殊性状的农作物新品种。转基因农作物培育主要针对一些优良性状，如高产、优质、抗病、抗虫、抗除草剂、抗逆性强、耐储存、提高营养成分含量、改善农产品品质等进行改良。

3.转基因技术的价值与潜力

2019年，我国转基因农作物种植面积320万公顷，而且只有转基因棉花、转基因番木瓜，农业转基因应用还存在很大发展空间。相比之下，2019年，美国转基因农作物种植面积为7 150万公顷，占全球转基因农作物总种植面积的38%，主要农作物平均应用率为94%，其中转基因大豆、玉米和棉花的平均应用率达到95%；阿根廷种植转基因大豆1 750万公顷、转基因玉米590万公顷、转基因棉花48.5万公顷、转基因苜蓿1 000多公顷，平均应用率接近100%。随着分子生物技术的发展，越来越多的农作物被用来生产蛋白质或疫苗，即生物医药用途，这已经超越了农业生产提供初级农产品的目的。利用农作物生产药物具有很多优势。一是农作物生长只需要阳光、水肥条件，相比细菌、哺乳动物和昆虫细胞培养系统等生物反应器，生产成本非常低廉。二是农作物生产技术成熟，可以保持高产稳产，短期内获得大量转基因表达产物。转基因技术克服了物种间的生殖隔离，通过DNA重组方式将遗传基因转入细胞内，从而使其具备新的遗传基因并获得优良性状。因此，转基因技术在农业中具有巨大发展潜力和良好应用前景。

为什么发展
转基因技术

（二）农业转基因技术的应用 //////////////////////////////////

1.抗病虫害

采用农业转基因技术可将抗虫基因转入农作物体内，使其获得抗虫特性，达到防虫效果并减少杀虫剂的使用。抗虫基因主要包括毒蛋白基因、蛋白酶抑制剂基因、植物凝集素基因、淀粉酶抑制剂基因等。以广泛用于棉花的抗虫基因 *Bt* 为例，Bt是一种普遍存在的革兰氏阳性孢子细菌，菌株在孢子形成过程中合成含有Cry和Cyt蛋白的伴孢晶体内含物（也称为 δ-内毒素）。一旦被昆虫摄入，这些晶体就会在昆虫肠道中溶解，并与位于昆虫细胞膜上的特定受体结合，导致细胞破坏和昆虫死亡。将病毒的外壳蛋白基因、病毒复制酶基因、核糖体失活蛋白基因、干扰素基因等转入农作物，可使农作物获得抗病毒能力。同样，转入杀菌肽基因、抗细菌基因、抗真菌基因等基因后，农作物可以获得抗细菌、抗真菌能力，目前商业化应用的转基因番木瓜具有显著的抗病毒效果。以病毒复制酶（nuclear inclusion b，Nib）基因为例，Nib是一种依赖于病毒RNA的RNA聚合酶（RNA dependent RNA polymerase，RdRp），用病毒复制酶转化植物已被证明可以产生稳定、高效的抗性，Nib通过与复制酶mRNA结合，阻断病毒mRNA的复制或使病毒mRNA通过RNA干扰直接影响病毒RNA的复制，是获得病毒抗性植物有效的方法。

2.耐草甘膦除草剂

草甘膦作为灭生性除草剂，是磷酸烯醇式丙酮酸的竞争性抑制剂，通过与5-烯醇式丙酮酰莽草酸-3-磷酸合成酶（EPSPS）结合形成稳定的"草甘膦-EPSPS-磷酸莽草酸"复合物，阻断EPSPS与磷酸烯醇式丙酮酸的结合，抑制EPSPS的活性，从而阻断莽草酸代谢途径，使得植物因芳香族氨基酸缺乏而代谢紊乱，最终死亡。由于其高效、低毒、易降解、无残留等优势，在开荒等情况下使用广泛，但这类灭生性除草剂没有选择性，不能直接用于各种农作物的田间杂草控制，而通过转基因技术和基因编辑技术培育耐草甘膦的农作物可以很好地克服这一难题。将克隆的耐草甘膦基因转入农作物，使其获得耐草甘膦性能，在生产中便可以使用草甘膦除草而不会对农作物产生不良影响，可以大大减少除草成本。

3.提高抗逆能力

为提高植物对干旱、低温、盐碱等逆境的抗性，研究人员将相应抗逆境基因克隆后转入农作物，使农作物获得相应抗性。例如，各种植物在胁迫下积累脯氨酸的能力，通常与胁迫耐受性有关，Δ1-吡咯啉-5-羧酸合成酶（P5CS）是植物脯氨酸生物合成的关键酶，通过催化谷氨酸途径中的限速步骤来调节脯氨酸含量，增强P5CS酶活性可以刺激脯氨酸的积累，从而提高植物在环境胁迫下的渗透调节能力。因此，P5CS被广泛转化在苜蓿、冰草、高羊茅、马铃薯、大叶黄杨、玉米等植物中。研究人员已成功地将来源于北冰洋比目鱼的抗冻基因导入草莓中，增强了草莓抗低温能力。

4.改良农作物品质

随着更多基因序列被解读，还可通过转基因技术提高农作物营养价值，如：提高蛋白质品质、提高能量品质、提高维生素含量、提高微量元素含量；改善油料作物脂肪酸成分，如：提高不饱和脂肪酸含量；改善水果及蔬菜的口感等。通过改变植物体内乙烯合成酶功能，达到延迟蔬菜瓜果成熟目的。通过控制与细胞壁成分降解有关酶的反义基因，来调控果实变软，延长保鲜期。通过转基因技术针对性改良农作物品质，既可以缩短育种周期，又提升了农业生产潜力。

5.复合性状

从农业生产应用出发，同时将多个外源基因转入农作物，使其获得多个优良性状。2010年，美国投放的SmartStax® 玉米具备了三种性状，包括抗地上害虫、抗地下害虫、耐除草剂。2019年，西北农林科技大学等单位完成"优质早熟抗寒抗赤霉病小麦新品种西农979的选育与应用"项目，使小麦获得早熟、耐寒、抗病等多个优良性状。在大豆中同时转入耐草甘膦与抗虫基因，既可以降低大豆除草剂的使用，又可以减少防虫次数及触杀药剂的施用。

（三）我国种植和进口的转基因农作物品种//////////

目前，我国已批准商业化种植的转基因作物仅棉花和番木瓜，转基因玉米、大豆种植正在有序产业化，已批准进口的转基因作物包括大豆、棉花、番木瓜、油菜、甜菜、玉米等。2021年，为有效防控农业生产中的草地贪夜蛾和草害问题，农业农村部组织开展了耐除草剂转基因大豆和抗虫耐除草剂转基因玉米产业化试点。我国市面上销售的圣女果（小番茄）、彩椒、紫薯、甜玉米、紫土豆、紫山药、紫甘蓝、小黄瓜等带种子或具有繁殖力的农产品，均为杂交品种，而非转基因产品。

1.转基因大豆

转基因大豆类型主要包括耐除草剂大豆、抗虫大豆、品质改良大豆、复合性状大豆等。目前，我国大豆对外依存度近10年均维持在80%以上，2020年进口大豆超1亿吨，进口大豆中转基因大豆的占比在95%以上。进口来源地主要有巴西、美国、阿根廷、乌拉圭、加拿大、俄罗斯等。进口大豆用作加工原料，制成大豆油、豆粕等产品进行售卖。2019年全球转基因大豆种植面积为9 190万公顷，占当年转基因作物总种植面积的48%，转基因技术在全球大豆生产中的利用率超过70%。

2.转基因玉米

转基因抗虫耐除草剂玉米、抗旱玉米、高赖氨酸玉米已在美国、阿根廷、巴西等国家得到广泛应用，并带来巨大的经济效益。自1996年转基因玉米商业化应用以来，转基因玉米已从单基因性状发展为多基因性状，抗逆、优质、专用的转基因玉米产品已经陆续进入产业化。目前，转基因玉米商业化性状主要是抗虫、耐除草剂、抗逆、增产、品质改良等。截至2019年8月，全球共有238个玉米转化体通过审批，共有1 895个转基因玉米获得安全证书，其中食用安全证书928个、饲用安全证书630个、种植安全证书337个。我国进口的转基因玉米全部用作原料，主要用于饲料加工、榨油和工业原料。

3.转基因水稻

我国是水稻的原产地，稻作面积约占世界稻作总面积的1/4。在我国的主要粮食作物中水稻占的比重最大，达65%。1988年，转基因技术首次在水稻研究领域运用成功。华中农业大学研发的"华恢1号"和"Bt汕优63"经过严格的试验研究、中间试验、环境释放、生产性试验，于2009年获得了农业部颁发的农业转基因生物安全证书。2018年1月11日，"华恢1号"获得了美国FDA的商业化生产许可。目前，转基因水稻在我国尚未进入产业化应用。转基因水稻类型有耐除草剂水稻、抗病水稻、抗虫水稻、抗逆境水稻、品质改良水稻等。

4.转基因油菜

油菜是全球广泛种植的农作物之一，2019年转基因油菜的种植面积为1 010万公顷。目前，商业化的转基因油菜类型主要为耐除草剂转基因油菜、高月桂酸转基因油菜、含ω-3脂肪酸的转基因油菜等几大类。目前，国外有30余个转基因油菜品种，我国批准进口的转基因油菜包括Ms1Rf1、MON88302、T45、Oxy-235、Ms8Rf3、Ms1Rf2、Topas19/2、GT73等耐除草剂品种。我国进口的油菜均用作加工原料，主要制成菜籽油进行售卖。

5.转基因番木瓜

我国的转基因番木瓜品种包括我国自主研发的品种和进口的品种（夏威夷大学培育的抗病番木瓜55-1）。华南农业大学的科研人员将"黄点花叶"病毒株的复制酶基因转入番木瓜体内，培育出了"华农1号"，在2006年获得农业部颁发的农业转基因生物安全证书，可在广东生产应用。目前，我国市场上销售的番木瓜大多为转基因抗病品种。

6.转基因棉花

棉花是目前我国种植最为广泛的转基因作物，包括我国自主研发和进口的品种。转基因棉花研究涉及抗虫、抗逆、耐除草剂、纤维品质、早衰等重要农艺性状的改良。其中，转基因抗虫棉和耐除草剂棉在农业生产中得到了广泛应用，并取得了巨大的经济效益和生态效益。抗虫棉种植面积达到我国棉花种植总面积的80%以上，国产抗虫棉种植面积已占全国抗虫棉种植总面积的95%以上。

三、农业转基因技术面临的机遇与挑战

（一）农业转基因技术面临的机遇////////////////////////////////

1.保障粮食安全

转基因技术一定程度上突破了环境制约，使农作物增产。全球人口的迅猛增长，耕地面积的不断减少，使粮食问题成为许多国家尤其是发展中国家面临的一个十分棘手的问题。在传统作物中植入快速生长基因后，农作物的性状得到改善，不仅可缩短生长期，还可增加作物产量，使土地得到最大限度的利用，使发展中国家的人民告别缺粮的历史。

我国是粮食生产和消费大国，粮食供需总体基本平衡。稻谷、小麦两大口粮产需平衡有余，谷物自给率超过95%，保障了"口粮绝对安全，谷物基本自给"的战略目标。但是，受到人口增长、资源约束、气候变化等因素制约，我国粮食一直处于紧平衡状态，尤其是大豆、玉米的缺口不断扩大。由于国内农产品刚性需求不断增长，而耕地面积有限，重大病虫害多发频发，干旱、高温、冷害等极端天气时有发生，大量使用农药、化肥会带来环保问题，因此急需加快培育一批抗虫、抗旱、耐盐碱等抗逆性强且高产、优质的农

作物品种，依靠传统育种已经越来越难完成育种目标，转基因育种成为不二选择。

2021年，农业农村部对转基因大豆、玉米开展了产业化试点，取得了显著成效，这标志着中国的转基因大豆、玉米产业化试种迈开了历史性的一步。在2021年小面积试点成功的基础上，2022—2023年继续有序扩大面积、多点推广，3年试点工作的顺利开展和与常规品种的测产结果对比，充分验证了转基因大豆、玉米产业化种植的正确性和必要性，为在全国推广提供了示范样板。

2. 改善农业生态环境

转基因技术使农作物性状大大改善，通过基因改变，传统作物具备了抵御病虫害的能力，因此可大大减少农药的使用，防止环境污染。比如有一种叫"棉铃虫"的昆虫，是棉花的头号"灾星"。而一种叫苏云金芽孢杆菌的细菌可以分泌一种杀死棉铃虫的物质，是棉铃虫的"克星"。科学家将苏云金芽孢杆菌里生产这种物质的基因转入棉花中，这样，棉花也可以产生杀死棉铃虫的物质。棉铃虫吃了棉花的叶子，自然也就命归西天了。转基因技术不仅可以应用在除虫方面，也可以应用在除草方面，减少农业生产中很多生长干扰因素的影响。除此之外，人们利用转基因技术创造出很多"吞噬"汞、降解农药DDT、分解石油污染的"超级菌"，在环境治理方面发挥了奇妙作用。

3.提升核心技术创新能力

2013年，中央农村工作会议提出了转基因工作"确保安全、自主创新、大胆研究、慎重推广"的发展方针，我国转基因技术发展战略逐渐明晰。主要农作物种质产权和一些核心技术缺失，制种成本高，盈利能力有限，自主产权技术创新在国际市场竞争力弱，缺乏话语权，就会受制于人。随着基因组学技术应用、生物数据积累及遗传转化技术改良，未来转基因作物的种类和性状将呈现多元化趋势。同时，转基因相关技术持续创新，如定向碱基替换、基因编辑系统更迭、转基因技术与基因编辑技术叠加使用等技术全球研发和产业化势头强劲，发达国家纷纷把转基因技术作为抢占科技制高点和增强农业国际竞争力的战略重点，很多发展中国家也在积极跟进，转基因作物种植国家的数量和种植面积持续增加。全球转基因技术研究进展迅速，转基因生物产业化发展较快。

无论是发达国家还是发展中国家，均把以转基因技术为核心的生物技术作为增强农业核心竞争力和推动农业提质增效的战略举措，以抵御未来核心技术的封锁。美国、日本、澳大利亚等发达国家注重加强对生物育种领域功能基因的挖掘和利用，拥有的水稻、小麦、玉米、棉花、大豆等作物基因专利数量超过全球总数的70%。全球商业化应用转基因作物的国家和地区已增加到71个。转基因作物种类不断增加，截至2023年底全球批准商业化种植的转基因作物已增加至32种。美国是转基因作物种植与消费最早和最大的国家，巴西、阿根廷、印度、欧盟、日本等国家和地区的转基因作物商业种植面积也逐年增加。

随着分子生物技术的发展，越来越多的农作物被用来生产蛋白质或疫苗，即生物医药用途，这已经超越了农业生产提供初级农产品的目的。利用农作物生产药物具有很多优势。一是农作物生长只需要阳光、水肥条件，相比细菌、哺乳动物和昆虫细胞培养系统等生物反应器，生产成本非常低廉。二是农作物生产技术成熟，可以保持高产稳产，短期内获得大量转基因表达产物。

4.改变大豆进口贸易格局

从2023年10月开始，国家农作物品种审定委员会陆续审定通过转基因玉米、大豆品种目录，其中转基因玉米品种64个、转基因大豆品种17个。这是继2022年6月出台《国家级转基因大豆品种审定标准（试行）》《国家级转基因玉米品种审定标准（试行）》后，首次开始有转基因品种通过国家品种审定。过去20多年里，国外企业利用转基因技术生产优良作物种子，提高作物产量和品质，不但满足了自身不断增长的需求，而且大量向我国出口，在获取巨大经济利益的同时还对我国一些作物种子产生了"卡脖子"的影响。中国是世界上最大的大豆进口国，数据显示，2020年我国大豆产量1 960.18万吨，大豆需求量11 985.2万吨，大豆进口数量为10 032.72万吨，几乎全部为转基因大豆，大豆自给率不足20%；2021年，我国大豆产量1 640万吨，总需求量达11 125.69万吨，进口大豆9 651万吨，转基因大豆进口量约占总进口量98%，大豆自给率不足15%。我国对进口大豆的依赖程度不断增加，大豆产业呈现严重的贸易逆差。

从我国转基因试点数据来看，转基因玉米、大豆抗虫耐除草剂性状表现突出，对草地贪夜蛾等鳞翅目害虫的防治效果在90%以上，除草效果在95%以上，转基因玉米、大豆可增产5.6% ~ 11.6%。2023年中央1号文件指出，要抓紧抓好粮食和重要农产品稳产保供，确保全国粮食产量保持在1.3万亿斤以上，各省（自治区、直辖市）都要稳住面积、主攻单产、力争多增产。转基因玉米和大豆的推广能够有效实现主要作物单产的提升，同时，我国大豆自给率仍然处于较低水平，进口依赖度较大，预计在转基因品种推广背景下，能够有效提升粮食自给率，促进大豆等大宗作物进口贸易格局的改变。

（二）农业转基因技术面临的挑战//////////////////////////////////

1.转基因作物商业化进程受国内国外双重环境影响

2003年，我国的转基因作物种植面积近280万公顷，占世界转基因作物播种总面积的4％，成为继美国、加拿大、巴西、阿根廷之后的转基因作物种植大国。我国虽然是一个转基因农作物的种植大国，但是由于种植的几乎都是转基因棉花，其他的转基因作物还没有进入大量种植和商业化阶段，所以我国转基因作物出口只涉及棉花。我国出口的其他作物，如大豆、玉米和油菜籽等产品都属于非转基因产品。2021年，我国批准了转基因玉米试点化种植，玉米作为全球第一大农作物，也是我国第一大农作物，种植面积占我国农作物播种总面积的26%，占粮食作物总产量的40%。

以现今国际农产品贸易形势来看，与我国进行农产品贸易的国家和地区主要是美国、加拿大、日本、韩国、欧盟、阿根廷等，其中，以我国农产品出口贸易为主的国家和地区有日本、韩国、欧盟等；以我国农产品进口贸易为主的国家有美国、加拿大、阿根廷等。当欧洲和亚洲的一些农产品进口国对转基因农产品设置种种进口限制后，转基因农产品的种植大国纷纷将出口目标转向各发展中国家，我国也无法避免，成为转基因农产品的主要进口国。当前全球种植的转基因农作物品种主要集中在大豆、玉米、棉花和油菜上，就这4种农作物来说，我国的进口国分别主要是：大豆主要来自美国、阿根廷和巴西；玉米主要来自美国和阿根廷；油菜主要来自加拿大；

棉花主要来自美国、乌兹别克斯坦。而我国棉花出口的国家和地区主要是中国台湾、韩国、印度尼西亚和泰国。

　　我国发展转基因作物的商业化，首先将对目前主要的转基因出口国产生巨大影响。一方面，由于我国在很长一段时期没有在转基因农产品的进口方面采取特定的规定和措施，所以转基因农产品大量涌入中国，以其低廉的成本冲击中国农产品市场，一旦我国自主创新的转基因作物产量增加，必然导致进口额的减少。同时，我国生产的转基因作物同样会受到欧盟、日本、韩国，甚至包括美国等国家和地区的限制，他们会采取措施来阻止或减小转基因产品对本国市场的冲击。另一方面，审批和监管制度是确保转基因种子安全性和合规性的重要环节。审批制度主要涉及转基因品种的安全评价和审批程序，包括科学评估、申请材料的审查、专家论证等。监管制度则涉及转基因种子的生产、销售和种植的管理，包括生产企业的资质认定、种子的质量监测、追溯管理等。在未来的发展中，需要进一步完善和加强相关法律法规的制定与修订。我国转基因产品的商业化将面临来自国内国际的双重阻力，加强转基因种子审批和监管制度的科学性和严谨性，健全标识，加强公众参与和风险沟通机制的建设，形成健全的法规体系和有效的监管措施，才能确保我国转基因种子市场的可持续发展。

2.市场需求的紧迫性与技术发展滞后性矛盾并存

　　随着世界粮食安全问题的日益突出和国际格局的变化，生物育

种已经成为一个国家科技核心竞争力的重要组成部分。以转基因为代表的生物育种技术，利用转基因技术、基因编辑、全基因组选择、合成生物技术等，对动植物、微生物开展高效、精准、定向的改良和品种培育，是多维度发展现代种业、保障国家粮食安全的重要支撑，其研发应用水平已成为衡量一个国家农业核心竞争力的重要标志。我国"十四五"规划将生物育种列入要强化国家战略科技力量的八大前沿领域。2024年中央1号文件提出"推动生物育种产业化扩面提速"。

从20世纪80年代启动863高技术研究，到2008年启动"转基因生物新品种培育"国家科技重大专项，我国在基因挖掘、遗传转化、品种培育、安全评价与管理等方面取得了一系列重大进展，获得了耐除草剂、抗病虫、抗旱耐盐等一批具有自主知识产权和重大育种价值的基因，授权专利数量全球排名第二。在国家支持下，国家队和个别省份在生物育种的个别研究领域已经处于世界领先水平，但存在产业化应用不足和大部分省级地方科研院所原创性研究水平低下的问题。产业化应用方面，2021年我国转基因玉米、大豆试点工作获成功，2022年进入农户试点，2024年开始市场化运作；试点范围从2021年和2022年的2个省份（内蒙古、云南）扩大到2024年的8个省份；种植面积从2021年1 000余亩到2024年1 000万亩。截至2024年10月8日，我国已有81个转基因玉米和大豆通过品种审定。

我国生物育种研发和产业化应用，与国际一流水平相比，还有较大差距，难以满足市场各方需求。

3.转基因农作物产业化需要完善的安全评价与管控体系

在转基因技术不断发展的大环境下，转基因品种开始向着市场化方向转变，人们关注的焦点开始转移到转基因产品的安全性问题方面，人们主要关注的方向有两点：第一点是食品安全问题，第二点是环境安全问题。现如今，国内外对于转基因农作物产品的看法不同。许多专家认为，转基因技术应用，既可以促进农业产业发展，又能实现对生态环境的保护，同时，转基因农作物还具有一定的保健作用；提出，人们对转基因作物的顾虑是没有科学依据的，而且具有一定的盲目性，特别指出，转基因植物与自然界的原生植物基本相似。从20世纪90年代中期开始，美国和西欧的一些国家等相继评价了转基因农作物的安全性，而且获取了一致的评价结果，认为转基因农作物品种与传统农作物品种相比同样安全。比如，美国一家公司检验了研制的耐除草剂转基因大豆，主要对大豆中的蛋白质、脂肪等成分进行检验，而且还分析了大豆中的棉子糖、水苏糖等成分的含量，在经过多项研究之后，证实转基因大豆品种与常规品种并无任何差异。就国内而言，研究得较为深入的作物是转基因抗虫棉，研究人员对抗虫棉性状表达的稳定性等内容进行了检查，检查结果发现，与常规棉花品种相比，并没有异常情况。同时，有许多专家对转基因作物的安全性持怀疑态度，认为植物经过长期的进化才产生了当前的基因组合，如果依靠外在力量对基因组合进行修改，或者是在原有基因组合中插入外源基因进行替换，必然会影响作物的安全性。而且，到目前为止，研究人员依然无法对基因插入点进行准确预测，也无法确保外源基因可以与原有基因进行准确的定点整合，再加上我国当前并没有深入完善转基因技术，因此，并没有办法培育出十全十美的转基因作物。比如，在培育出的转基因耐除草剂棉花在种植过程中，棉铃会在收获之前提前脱落，或者棉铃出现畸形。对于转基因番茄而言，部分果实虽然个头大、颜色鲜艳，但是却失去了原有的番茄味道。除此之外，部分专家担心培育转基因作物有可能对环境造成破坏，比如在种植耐除草剂作物时，与作物有亲缘关系的杂草获取作物中的耐除草剂基因，导致新生的杂草能够有效抵抗除草剂，种植户必须使用大量的除草剂除草，从而形成恶性循环。另外，部分专家认为部分转基因品种的繁殖是不受抑制的，在被释放的前提下会大量繁殖，从而破坏生态系统。

虽然转基因技术有着广阔的发展前景，但是，因为转基因技术属于全新的研究领域，依照当前的科技水准，无法对转基因在受体生物中的性状表现进行全面、准确的预测，而且也无法完全预见使用转基因技术所培育出的新型转基因植物在性状和组合方面存在的潜在风险。所以，当前最亟需解决的一个问题就是转基因品种的安全问题，需要制定严格的制度，来全程监控和管理利用转基因技术培育新品种的全过程，并对全过程进行安全性评价，在此基础上，实现对人类社会安全的保护，并有效平衡生态环境，以此保障转基因技术在未来的长远发展。从20世纪70年代中期开始，全球第一个实验室基因工程规范由美国制定，紧随其后，有超过20个国家也与自身情况相结合，制定了相关准则和法规。1993年，我国的《基因工程安全管理办法》出台，以基因工程工作的潜在危险程度为依据对其安全等级进行划分。20世纪初期，我国法律规定必须在有明显文字标注的情况下，才可以进行转基因植物品种销售，并提示在使用转基因植物品种的过程中需要采取的安全控制措施。我国还出台了《农业转基因生物安全管理条例》，对于违反规定的机构和人员提出了明确的处罚措施。随着一系列法律法规的颁布落实，我国开始采取法制化手段管理农业转基因产品，以此保证食品安全，并促进我国转基因技术的发展。

四、农业转基因生物安全与管理

（一）转基因生物安全性评价的基础 ///////////////////////////

风险分析（risk analysis）：风险评估、风险交流、风险管理三者交互，安全管理的决定是基于风险分析妥协的结果。

风险评估（risk assessment）：识别、暴露、危害。

风险交流（risk communication）：利弊平衡、风险接受程度。

风险管理（rick management）：管理决策、防控措施。

1. 最早关于转基因安全的研讨

1975年，超过140名来自世界各地的著名生物学家在美国加州阿西洛马（Asilomar）召开会议，首次围绕DNA重组技术安全性进行讨论：为什么要对转基因生物进行安全评价与管理？转基因技术产生新的有害生物的可能性；基因操作尚不够精确，结果与目标存在差异的可能性；对生物遗传的认识尚有不足，非预期效应的可能性；生物技术产品作为一种公众产品，必须接受公众的监督。

2. 考虑转基因安全性的早期文献

1975年，科学家团体，阿西洛马会议建议书；

1976年，美国，重组DNA研究准则（不断修订完善）；

1978年，英国，卫生与安全（基因操作）法；

1981年，美国，遗传应用的影响；

1986年，经济合作与发展组织，重组DNA安全性考虑（工业微生物隔离）；

1992年，经济合作与发展组织，生物技术安全性考虑（分阶段原则、个案原则）；

2000年，联合国粮食与农业组织/世界卫生组织，关于重组DNA植物食品的健康安全考虑（实质等同原则）；

2000—2008年，国际食品法典委员会，4个安全评价标准；

2000年，《生物多样性公约》缔约方大会，卡塔赫纳生物安全议定书（简称CPB，2003年生效）（预防原则）。

3. 国际上关于转基因食品安全的权威结论

生物体里的基因被以非自然的方法由一个生物体移至另一个生物体，由转移后得到外源基因的生物体做成的食品叫作转基因食品，包括由转基因植物、动物和微生物制造或生产的食品、食品原料、食品添加剂等。转基因食品上市前要通过严格的安全评价和审批程序，而一般食品根本不进行安全评价。国际食品法典委员会制定的一系列转基因食品安全评价指南，是全球公认的食品安全评价准则和世界贸易组织裁决国际贸易争端的依据。各国安全评价的模式和程序虽然不尽相同，但总的评价原则和技术方法都是参照国际食品法典委员会的标准制定的。

国际组织、发达国家和我国开展了大量的科学研究，均认为上市的转基因食品与传统食品同样安全。世界卫生组织认为，"目前尚未显示转基因食品批准国的广大民众食用转基因食品后对人体健康产生了任何影响"。经济合作与发展组织联合世界卫生组织、联合国粮食与农业组织，在广泛充分研讨后得出"目前上市的所有转基因食品都是安全的"的结论。欧盟委员会历时25年，组织500多个独立科学团体参与130多个科研项目，得出的结论是"生物技术，特别是转基因技术，并不比传统育种技术危险。"国际科学理事会认为，"现有的转基因作物以及由其制成的食品，已被判定可以安全食用，所使用的检测方法被认为是合理适当的。"英国皇家医学会、美国国家科学院、巴西科学院、中国科学院、印度国家科学院、墨西哥科学院和第三世界科学院联合出版《转基因植物与世界农业》，认为"可以利用转基因技术生产食品，这些食品更有营养、储存更稳定，而且原则上更能够促进健康，给工业化和发展中国家的消费者带来惠益。"

4. 我国的转基因食品安全性评价相关内容

依据国际食品法典委员会的标准，我国制定了《转基因植物及其产品食用安全性评价导则》。评价内容主要包括四个部分，第一部分是基本情况，包括供体与受体生物的食用安全性评价、基因操作的安全性评价（转基因植物中引入或修饰性状和特性的描述、实际插入或删除序列的资料、目的基因与载体构建的图谱及载体中插入区域各片段的资料、转基因方法、插入序列表达的资料）等；第二部分是毒理学评价，包括急性毒性试验、亚慢性毒性试验等；第三部分是过敏性评价，主要依据联合国粮食与农业组织与世界卫生组织提出的过敏原评价决策树依次评价，禁止转入已知过敏原；第四部分是营养学评价，包括主要营养成分和抗营养成分的分析。另外，对转基因生物及其产品在加工过程中的安全性、转基因植物及其产品中外源化学物蓄积情况、非预期作用等方面还要进行安全性评价。

例如，2009年我国颁发的转基因水稻安全证书，经历了长达11年的严格科学评价。在营养学评价方面，主要做了营养成分、微量元素含量以及抗营养成分等方面的比较实验，发现转基因大米与相应的非转基因大米营养成分相同，没有生物学意义上的差异。在毒

性评价方面，主要做了大鼠90天喂养试验、短期喂养试验、遗传毒性试验、三代繁殖试验、慢性毒性试验以及Bt蛋白的急性毒性试验，试验结果显示转基因大米对实验动物没有不良影响。在致敏性评价方面，主要做了Bt蛋白与已知致敏原蛋白的氨基酸序列同源性比对，结果显示Bt蛋白与已知致敏原蛋白无序列相似性，不会增加过敏风险。检测机构还做了外源蛋白体外模拟胃肠道消化试验，结果显示转入基因的表达蛋白易于消化，在人体吸收代谢、有效成分利用等方面是安全的。根据国家农业转基因生物安全委员会对转基因抗虫水稻的安全性评价结果，以及中国疾病预防控制中心营养与健康所、中国农业大学食品科学与营养工程学院及农业农村部农产品质量监督检验测试中心（北京）等单位检测验证表明，转基因抗虫水稻华恢1号与非转基因对照水稻同样安全，消费者可放心食用。

根据国际食品法典委员会制定的《重组DNA植物食品安全评估准则》、我国颁布的《农业转基因生物安全管理条例》及配套的《农业转基因生物安全评价管理办法》规定，我国转基因生物研究与应用要经过规范、严谨的评价程序。食用安全性评价主要评价基因及表达产物在可能的毒性、过敏性、营养成分、抗营养成分等方面是否符合法律法规和标准的要求，是否会带来安全风险。我国按照国际通行做法，在安全性评价中努力做到评价指标科学全面、评价程序规范严谨、评价结论真实可靠、决策过程慎之又慎。实践表明，通过强化研发人和研发单位的第一责任，严格安全评价，强化政府监管，充分发挥公众监督的作用，可以有效规避风险，保证转基因食品的安全，更好地为人类服务。

（二）我国的转基因安全管理制度//////////////////////////////////

1.我国转基因安全管理体制与运行机制

我国建立了一整套适合我国国情并且与国际接轨的转基因生物相关法律法规和技术管理规程，涵盖了转基因研究、试验、生产、加工、经营、进口许可、产品强制标识等各环节。国务院颁布了《农业转基因生物安全管理条例》，原农业部制定实施了《农业转基因生物安全评价管理办法》《农业转基因生物进口安全管理办法》《农业转基因生物标识管理办法》和《农业转基因生物加工审批办法》4个配套规章，原国家质量监督检验检疫总局施行了《进出境转基因产品检验检疫管理办法》。

2014年，我国建立了由12个部门组成的农业转基因生物安全管理部际联席会议制度，负责研究和协调农业转基因生物安全管理工作中的重大问题。原农业部设立了农业转基因生物安全管理办公室，负责全国农业转基因生物安全的日常协调管理工作。县级以上地方各级人民政府农业行政主管部门负责本行政区域内的农业转基因生物安全的监督管理工作。2017年，我国组建了由37位专家组成的全国农业转基因生物安全管理标准化技术委员会，截至2018年12月，共发布了201项转基因生物安全标准。2021年，我国组建了由多学科76位专家组成的第六届国家农业转基因生物安全委员会（以下简称安委会）。按照实验研究、中间试验、环境释放、生产性试验和申报生产应用安全证书五个阶段，安委会负责对转基因生物进行科学、系统、全面的安全评价。

转基因产品安全不安全，是由多领域的科学家按照严谨的科学标准、严格的法规程序来评价的，不是由哪个工作部门或者哪个人说了算的。无论是转基因的研究、试验，还是生产、加工，或者经营、进口，都要依法依规办理。这套程序很严格，能够保证转基因技术在应用过程中不会对人体健康和动植物、微生物造成危害，能够保证生态环境安全。只要通过安全评价，获得安全证书的转基因产品就是安全的。

2.我国转基因安全评价程序

我国对农业转基因生物实行分级分阶段安全评价管理制度。研发人员向本单位生物安全管理部门、相关政府监管部门报告，提交书面申请和相关技术资料。管理部门组织专家依法开展技术审查并提出意见反馈申请人。监管部门定期开展监督检查。拟申请环境释放、生产性试验和申请领取安全证书的单位，以及中外合作、合资或者外方独资从事转基因研究和试验的单位，须按照安全评价指南的要求提交书面资料，经本单位农业转基因生物安全小组审查和试验所在省（自治区、直辖市）农业行政主管部门审核后，向农业农村部行政审批办公室提出行政许可申请。农业农村部组织安委会进行安全评审和审批。发放农业转基因生物安全证书的信息在农业农村部官方网站公布。申报单位在取得农业转基因生物安全证书后，还要办理与生产应用相关的其他手续，如转基因农作物还要在按照《中华人民共和国种子法》相关规定进行品种审定和取得种子生产、经营许可后，才能生产种植。

3.我国转基因安全管理相关信息透明度

2013年，按照《中华人民共和国政府信息公开条例》，农业部在官方网站"专题"的"转基因权威关注"栏目（http://www.moa.gov.cn/ztzl/zjyqwgz/）主动公开了农业转基因生物相关法律法规、安全评价标准、指南、检测机构、安委会工作规则和委员组成名单等。对于转基因生物安全审批结果及相关安全评价资料，农业农村部也按年度及时在网上予以公布，这些资料公众都可以在网上查询。同时，农业农村部依照公众的个人申请，依法向申请人公开了农业转基因安全管理相关的政府信息。通过信息公开，提高了我国农业转基因生物安全审批和管理的透明度，满足了公众的知情权。应该说，我国农业转基因生物安全管理的信息是公开透明的，符合国际通行做法。

4.转基因食品标识与安全性的关系

凡是原料采用进口的或者我国批准种植的转基因农产品及其直接加工品的食品就是转基因食品。对转基因产品进行标识，是为了满足消费者的知情权和选择权，消费者可以通过转基因标识来识别、选择是否要购买转基因产品。目前，我国市场上销售的转基因食品，如转基因大豆油、菜籽油，均要求标注"加工原料是转基因大豆/油菜籽"等字样，消费者可以根据自己的意愿自由选择。转基因食品是否安全是通过安全评价得出的，即通过安全评价、获得安全证书的转基因产品就是安全的。因此，转基因产品的标识与安全性无关。

　　我国对转基因产品实行按目录定性强制标识制度。2002年，农业部公布了《农业转基因生物标识管理办法》，制定了首批标识目录，对在中华人民共和国境内销售的大豆、玉米、油菜、棉花、番茄5类17种转基因产品，进行强制定性标识，其他转基因农产品可自愿标识。自首批标识目录发布至2023年底，我国批准种植的转基因作物仅有棉花、番木瓜、玉米、大豆，批准进口用作加工原料的有大豆、玉米、棉花、油菜、甜菜、番木瓜6种作物。对哪些产品进行标识，是根据标识的可能性、可操作性、经济成本、监管可行性等多种因素综合考虑确定的。例如，转基因番木瓜未列入我国首批标识目录，主要是因为目前我国农民小规模分散种植的番木瓜仍占较高比例，农民直接到农贸市场销售，这样很难做到对所有番木瓜进行标识，标识的成本很高。当前，国际上还没有任何一个国家对所有的转基因产品进行标识。

5.国际上对转基因食品标识的规定

目前，国际上关于转基因标识的管理主要分为四类：一是自愿标识，如美国、加拿大、阿根廷等；二是定量全面强制标识，即所有产品，只要其转基因成分含量超过阈值就必须标识，如欧盟规定转基因成分超过0.9%、巴西规定转基因成分超过1%就必须标识；三是定量部分强制标识，即特定类别产品，只要其转基因成分含量超过阈值就必须标识，如日本规定对豆腐、玉米小食品、纳豆等24种由大豆或玉米制成的食品进行转基因标识，设定阈值为5%；四是定性按目录强制标识，即凡是列入目录的产品，只要含有转基因成分或者由转基因作物加工而成，就必须标识。目前，我国是唯一采用此种标识方法的国家，也是对转基因产品标识最多的国家，凡是列入农业农村部《农业转基因生物标识管理办法》中标识目录的转基因生物及其直接加工品，都应该按规定进行标识，以充分保障公众的知情权和选择权。由于实行定量标识的国家都设定了阈值，而通常食品中的转基因成分很难达到这个值，这些食品虽然是转基因食品但不标识。因此，在这些国家的市场上很难发现有标识的转基因产品。

6.农业转基因生物安全评价制度

根据《农业转基因生物安全评价管理办法》，我国的农业转基因生物安全评价制度可归纳为以下几点：

3类评价对象：动物、植物、微生物；

4个安全等级：Ⅰ尚不存在危险、Ⅱ具有低度危险、Ⅲ具有中度危险、Ⅳ具有高度危险；

5个评价阶段：实验研究、中间试验、环境释放、生产性试验、申请农业转基因生物安全证书；

2种评价方式：报告制（备案）、审批制。

五、转基因生物实验室、温室及试验基地的安全管理

（一）相关的法规依据 /////////////////////////////////////

《农业转基因生物安全管理通用要求 实验室》（中华人民共和国农业部第2406号公告—1—2016）、《农业转基因生物安全管理通用要求 温室》（中华人民共和国农业部第2406号公告—2—2016）、《农业转基因生物安全管理通用要求 试验基地》（中华人民共和国农业部第2406号公告—3—2016）。

（二）安全管理的设施条件 /////////////////////////////////

1.实验室

设施条件应与所操作农业转基因生物的安全等级和实验内容相适应。

设施条件应符合 GB 19489—2008 中第5章及6.1或6.2的要求。

应有控制人员和物品出入的设施，具备防止转基因生物意外带出实验室的设施，如鞋套、风淋、专用工作服等。

应具备与农业转基因生物操作相适应的仪器设备。

应划分功能区，如准备区、操作区、废弃物处理区等。必要时，还应具备组织培养或微生物培养区。

应有消毒灭活设施，以及废弃物收集或处理的相关设施。

应有带锁冰箱、储存柜或储藏室等专用的转基因材料储存区域和设施。

应有可防止节肢动物、啮齿动物等进入的设施。

应有防止活性生物逃逸的措施或设施，如防止花粉、种子、鱼卵、微生物等流散的设施。

转基因材料储存区、操作区、组织培养区等实验室重要场所应具有明显的标示。

2.温室

结构和构件的设计荷载应符合GB/T 18622的要求。

应通过物理控制措施与外部环境隔离，是在控制系统内的操作体系。

设施条件应与所操作农业转基因生物的安全等级和实验内容相适应。

前厅（或缓冲区）、通道、与墙体连接处等的地面，应以不透水的材料如混凝土等进行硬化，并便于清洁。

应有控制人员、物品出入和防止转基因生物意外带出的设施。

应有防止节肢动物、啮齿动物进入的设施。

应具备防止花粉、种子等植物繁殖材料以及转基因微生物、转基因昆虫等逃逸的装置。

应有废弃物收集设备或处理设施。

应具有专用的操作工具，非专用工具应有清洁设施。

应有明显的标示。

3.试验基地

选址及建设应符合国家和地方的规划、环境保护和建设主管部门的规定和要求。

设施条件应与所操作农业转基因生物的安全等级和试验内容相适应。

应有控制人员和物品出入及防止转基因生物意外带出的设施。

应有24小时监控的设施。

应有生物的无害化处理、灭活或销毁的设施。

应有气象观察记录的设施。

试验基地及其重要场所应有明显的标示。

植物试验基地还应符合以下要求：

（1）符合监管部门要求的隔离距离，隔离距离内无所试验转基因植物的野生近缘种；

（2）具有可控制人畜出入的围墙或永久性围栏；

（3）具有工具间、仓储间、工作间，必要时应具备网室、网罩、旱棚等附属设施；

（4）具有专用的播种、收获等机械设备和工具，非专用的机械设备和工具应有清洁设施；

（5）具有排灌和排涝的专用设施。

动物试验基地还应符合以下要求：

（1）符合 GB 1495—2010 中普通环境的规定；

（2）距离生活饮用水源地、动物饲养场、养殖小区和城镇居民区、文化教育科研等人口集中区域及公路、铁路等主要交通干线不少于1 000米，距离动物隔离场所、无害化处理场所、动物屠宰加工场所、动物和动物产品集贸市场、动物诊疗场所不少于3 000米；

（3）具有可控制人畜出入的围墙①；

（4）具有防鸟、防鼠的设施；

（5）具有动物饲养室、兽医诊断室、消毒室、饲草和饲料存放场所等附属设施；

（6）具有专用的操作工具，非专用工具应有清洁设施；

（7）具有供水、排水和排污的专用设施；

（8）具有排泄物的处理设施。

水生生物试验基地还应符合以下要求：

（1）为人工可控水域，与自然开放水域隔离；

（2）设置可控制人畜出入的围墙或永久性围栏；

（3）试验池塘应防渗，进出水口设置栅栏及与试验对象相适应的过滤设施；

（4）具有防鸟设施；

（5）具有控温产孵等专用附属设施；

（6）具有专用的操作工具，非专用工具应有清洁设施；

（7）具有供水、排水系统和防洪、排涝、排污的设施。

---

① 若试验基地具有良好的自然隔离条件，如环山、环水等，可用围栏代替围墙。

（三）安全管理的组织管理 //////////////////////////////////////

1.实验室

实验室的母体组织应为中华人民共和国境内的法人机构。

实验室的母体组织应建立农业转基因生物安全管理责任制，健全从法人到责任部门再到责任人的全过程管理体系，包括组织管理框架、各机构的职能任务、各岗位的职责以及考核管理办法等。

实验室的母体组织应设立农业转基因生物安全小组，负责咨询、指导、监督实验室的农业转基因生物安全管理相关事宜。

实验室的组织管理应与农业转基因生物的安全等级、实验室的规模、操作的复杂程度相适应。

实验室负责人应熟悉农业转基因生物安全管理法规，具备3年以上转基因研究或试验经历，具备一定的管理能力。

实验室负责人是农业转基因生物安全管理的直接负责人，全面负责实验室的安全管理，应负责：

（1）对进入实验室的人员进行授权；

（2）指定至少1名安全负责人，赋予其监督所有活动的职责和权力；

（3）指定每项实验和每个功能区的负责人；

（4）规定实验室人员的岗位职责。

实验室应根据农业转基因生物研究或试验的对象、规模和研究内容等，配备实验人员。实验人员应具备与岗位职责和安全管理相适应的法律法规知识、专业知识和操作能力。

安全负责人的姓名和联系方式应张贴在醒目的位置。

2.温室

温室的母体组织应为中华人民共和国境内的法人机构。

温室的母体组织应建立农业转基因生物安全管理责任制，健全从法人到责任部门再到责任人的全过程管理体系，包括组织管理框架、各机构职能任务、各岗位的职责以及考核管理办法等。

温室的母体组织应设立农业转基因生物安全小组，负责咨询、指导、监督温室的农业转基因生物安全管理相关事宜。

温室的组织管理应与农业转基因生物的安全等级、温室的规模、操作的复杂程度相适应。

温室负责人应熟悉农业转基因生物安全管理法规，具备3年以上转基因研究或试验经历，具备一定的管理能力。

温室负责人是农业转基因生物安全管理的直接责任人，全面负责温室的安全管理，应负责：

（1）对进入温室的人员进行授权；

（2）指定至少1名安全负责人，赋予其监督所有活动的职责和权力；

（3）指定每项实验的项目负责人；

（4）规定温室人员的岗位职责。

应根据农业转基因生物研究或试验的对象、规模和研究内容，配备实验人员。实验人员应具备与岗位职责相适应的法律法规知识、专业知识和操作能力。

安全负责人的姓名和联系方式应张贴在醒目的位置。

3.试验基地

试验基地的母体组织应为中华人民共和国境内的法人机构，并具有10年以上的土地使用权。

试验基地的母体组织应建立农业转基因生物安全管理责任制，健全从法人到责任部门再到责任人的全过程管理体系，包括组织管理框架、各机构的职能任务、各岗位的职责以及考核管理办法等。

试验基地的母体组织应设立农业转基因生物安全小组，负责咨询、指导、监督试验基地的农业转基因生物安全管理相关事宜。

试验基地的组织管理应与农业转基因生物的安全等级、试验基地的规模、操作的复杂程度相适应。

试验基地负责人应熟悉农业转基因生物安全管理法规，具备3年以上农业转基因生物研究或试验经历，具备一定的管理能力。

试验基地负责人是农业转基因生物安全管理的直接责任人，全面负责试验基地的安全管理，应负责：

（1）对进入试验基地的人员进行授权；

（2）指定至少1名安全负责人，赋予其监督所有活动的职责和权力；

（3）指定每项试验的项目负责人；

（4）规定试验基地人员的岗位职责。

试验基地应根据农业转基因生物研究或试验的对象、规模和研

究内容等，配备试验人员。试验人员应具备与岗位职责相适应的法律法规知识、专业知识和操作能力。

安全负责人的姓名和联系方式应张贴在醒目的位置。

（四）安全管理的管理制度 //////////////////////////////////

1.实验室

应建立人员和物品的出入授权与登记制度。人员和物品的出入应有授权程序、登记要求、登记表格式样等。

应建立实验审查制度。实验审查应有审查程序、资料要求、审查办法、审查意见、审查记录等。

应建立材料引进与转让制度。农业转基因生物材料引进与转让应有审查程序、双方签订的协议，并明确各自的安全监管责任。

应建立安全检查制度。安全检查应有检查计划、检查方案、检查记录和检查报告等。

应建立人员培训制度。人员培训应有培训计划、培训记录、效果评估等。

应建立操作规程。各项操作规程应与农业转基因生物的安全控制措施相适应，农业转基因生物的操作应按照操作规程进行。

应建立农业转基因生物安全突发事件应急预案，包括事件分级、响应机制、处置措施、补救措施、事件报告等。

应建立档案管理制度。档案内容至少包括农业转基因生物安全小组和实验人员组成与变动、各项管理制度、实验项目、转基因材料引进与转让协议、安全检查记录、培训记录以及农业转基因生物操作记录等。

2.温室

应建立人员和物品的出入授权与登记制度。人员和物品的出入应有授权程序、登记要求、登记表格式样等。

应建立实验审查制度。实验审查应有审查程序、资料要求、审查办法、审查意见、审查记录等。

应建立材料引入和转出制度。农业转基因生物材料引入与转出应有审查程序、双方签订的协议，并明确各自的安全监管责任。

应建立安全检查制度。安全检查应有检查计划、检查方案、检查记录和检查报告等。

应建立人员培训制度。人员培训应有培训计划、培训记录、效果评估等。

应建立操作规程。各项操作规程应与农业转基因生物的安全控制措施相适应，农业转基因生物的操作应按照操作规程进行。

应建立农业转基因生物安全突发事件应急预案，包括事件分级、响应机制、处置措施、补救措施、事件报告等。

应建立档案管理制度。档案内容至少包括农业转基因生物安全小组和温室人员组成与变动、各项管理制度、实验项目、转基因材料引入与转出协议、安全检查记录、培训记录以及农业转基因生物操作记录等。

3.试验基地

应建立人员和物品的出入授权与登记制度。人员和物品的出入应有授权程序、登记要求、登记表格式样等。

应建立试验审查制度。试验审查应有审查程序、资料要求、审查办法、审查意见、审查记录等。

应建立材料引入与转出制度。农业转基因生物材料的引入与转出应有审查程序、双方签订的协议，并明确各自的安全监管责任。

应建立安全检查制度。安全检查应有检查计划、检查方案、检查记录、检查报告等。

应建立人员培训制度。人员培训应有培训计划、培训记录、效果评估等。

应建立操作规程。各项操作规程应与农业转基因生物的安全控制措施相适应，转基因植物试验的操作规程和安全控制措施应符合农业部2259号公告—13—2015的要求。

应建立农业转基因生物安全突发事件应急预案。包括事件分级、响应机制、处置措施、补救措施、事件报告等。

应建立档案管理制度。档案内容至少包括农业转基因生物安全小组和试验基地人员组成与变动、各项管理制度、试验项目、转基因材料引入与转出协议、安全检查记录、培训记录以及农业转基因生物操作记录等。

六、转基因生物安全监管与常见问题

（一）转基因安全监管的依据 ////////////////////////////

国务院：《农业转基因生物安全管理条例》。

农业农村部：《农业转基因生物安全评价管理办法》《农业转基因生物标识管理办法》《农业转基因生物进口安全管理办法》《农业转基因生物加工审批办法》以及相关公告、技术指南、标准和规范。

原国家质量监督检验检疫总局：《进出境转基因产品检验检疫管理办法》。

（二）转基因安全监管的保障机制 ////////////////////////////

2024年，农业农村部发布的《农业农村部关于进一步加强农业转基因生物安全监管工作的通知》对完善转基因生物安全监管保障机制作出规定。

1. 加强体系建设

各地农业部门要加强组织领导，成立转基因生物安全管理领导小组，主要负责同志负总责，分管领导具体抓。要把农业转基因生物安全监管纳入日常管理，进一步加强工作力量，保障工作经费，提升监管能力，构建人财物支持体系。

2. 强化风险监测

要建立风险监测制度和监测体系，进一步加大风险监测力度，形成全覆盖的监测网络，推动农业转基因生物安全监管向以预警机制为主的事前、事中、事后全程监管转变。加强分析研判和风险预警，做到早发现、早控制、早处置，提高主动发现、事前干预的能力。

3. 严厉打击违规行为

对违规开展田间试验、南繁、环境释放以及转让转基因材料等活动，造成非法扩散的研发单位和研发者，取消承担转基因科研任务和申报安全评价的资格。对以转基因品种冒充非转基因品种审定的，取消申请资格。对违规开展转基因种子生产经营等活动的企业，依法吊销证照，严厉打击。

4.加强科普宣传

转基因技术作为一项高新技术，在我国的研究和应用起步晚，公众对转基因技术及安全管理情况还不够了解。要通过各种渠道，宣传转基因基本知识，宣传我国转基因生物安全管理制度和决策程序，增进广大消费者的了解和认可度。做好信息公开，向社会及时传递科学、权威、客观的信息，使公众能科学理性地对待转基因技术及产品。

农业转基因生物安全监管涉及面广，社会关注度高，任务繁重。各地农业部门要发挥高度负责、勇于担当、顾全大局、协同推进的精神，以饱满的工作状态和务实的工作作风，采取切实可行的工作措施，毫不松懈地做好农业转基因生物安全监管，确保我国农业转基因生物技术研究、试验、生产、经营和加工等活动规范有序地开展。

（三）转基因安全监管的重点 /////////////////////////////////////

1.加强研究试验环节监管

采取事前核查与事中事后检查相结合的方式，做好转基因研究试验全程监管，重点核查实验研究是否依规报备，中间试验是否依法报告，环境释放和生产性试验是否依法报批，中外合作研究试验是否依法开展。加大对涉农科研育种单位试验基地和南繁基地抽检力度，严肃处理违规开展研究试验行为。

2.严格育种研发试验环节监管

按照《农业农村部办公厅关于鼓励农业转基因生物原始创新和规范生物材料转移转让转育的通知》要求，规范管理农业转基因生物材料转移转让转育行为，严格审核相关活动是否按照备案的转化体、地点和规模开展，发现未按备案内容开展试验的，要立即终止并严肃处理。

3.强化品种试验和种子生产经营环节监管

加强品种试验、种子生产环节转基因成分检测，加大非法转基因排查力度，防止未经批准的转基因种子流入市场。加强转基因种子监管执法，加密质量抽检，将历年抽检中发现有非法生产经营行为、群众举报投诉较多、拒绝抽检的企业作为重点监管对象，严厉打击违规生产销售转基因种子行为。开展产业化示范的省份要强化转基因种子全程溯源管理，压实供种企业主体责任，督促企业实时登记种子销售信息并上传中国种业大数据平台，做到种子来源清晰、去向可查。

4.严格进口加工环节监管

强化对境外贸易商、境内贸易商和加工企业"三位一体"审查，加强进口农业转基因生物流向管控，严防违规改变用途。严查装卸、储藏、运输、加工过程中安全控制措施，全面核查产品采购、加工、销售过程的档案记录。依法要求企业定期向属地农业农村部门提供生产、加工、安全管理情况和产品流向的报告。加强对申请进口加工原料企业培训指导，督促企业落实《农业转基因生物进口安全管理办法》要求，规范进口申报流程，提升安全管理水平。

5. 做好标识管理工作

加强《农业转基因生物标识管理办法》的学习宣贯，指导企业依法依规标识，加大农业转基因生物标识使用情况检查力度，联合有关部门依法依规严肃查处应标未标、违规标识等问题，在满足公众知情权和选择权基础上避免误导消费者。

（四）转基因安全监管的工作要求/////////////////

1. 压实各方责任

各省级农业农村部门要严格落实研发、生产、加工、经营和进口各环节生物安全监管属地责任，指导相关研究机构和企业建立健全管理制度，完善安全控制措施，督促其落实主体责任。研发单位、进口加工企业要依法成立农业转基因生物安全小组，充分发挥自我约束和管理作用，监督指导本单位人员依法依规开展活动。

2.强化工作部署

地方各级农业农村部门主要负责同志应专题研究农业转基因生物监管执法工作，确保责任到人到部门到岗位，列出重点任务，明确关键措施，充分保障监管工作基础条件。

3.加强监督检查

要制定详细的工作方案，确保科研单位、试验基地、制种基地、加工企业检查抽查覆盖到位。支持现场快速检测产品在转基因监管和基层执法工作中的推广应用。要多采取"四不两直"和"双随机一公开"的形式进行突击检查和不定期检查，提高监管执法的频次和力度，依法依规严肃追究不作为、乱作为的相关人员责任。坚持监管信息定期报送机制，重大案件随时报送。

4.加大查处力度

对监管线索追根溯源，及时立案。对重大案件查清主体，查明责任，依法严肃处理。对已结案的违规违法案件，及时将详细案情和查处情况报告农业农村部。加强案件处理的省际间联动，案件发生地的省级农业农村部门应及时将案件情况通报涉案单位所属地农业农村部门，所属地省级农业农村部门应对辖区内涉案单位从严监管，严肃约谈，责令整改。鼓励社会各界对违法违规行为进行举报，对群众直接举报和农业农村部转办的监管线索要认真核查，及时反馈办理结果。

（五）有关转基因的误解和谣言的解释 ////

1.转基因食品的安全性有没有定论？

转基因食品的安全性是有定论的，即凡是通过安全评价、获得安全证书的转基因食品都是安全的，可以放心食用。国际食品法典委员会于1997年成立了生物技术食品政府间特设工作组，认为应对转基因技术实行风险管理，并制定了转基因生物评价的风险分析原则和转基因食品安全评价指南，成为全球公认的食品安全标准和世界贸易组织裁决国际贸易争端的依据。转基因食品入市前都要通过严格的毒性、致敏性、致畸性等安全评价和审批程序。世界卫生组织以及联合国粮食与农业组织认为：凡是通过安全评价上市的转基因食品，与传统食品一样安全，可以放心食用。迄今为止，转基因食品商业化以来，没有发生过一起经过证实的食用安全问题。

关于转基因的
网络谣言1

2.转基因食品的安全性评价为什么不做人体试验？

在开展转基因食品安全评价时，没有必要也没有办法进行人体试验。

首先，遵循国际公认的化学物毒理学评价原则，转基因食品安全评价一般选用模式生物小鼠、大鼠进行高剂量、多代数、长期饲喂实验进行评估。以大鼠2年的生命周期来计算，3个月的评估周期相当于其1/8生命周期，2年的评估周期则相当于其整个生命周期。科学家用动物学的实验来推测人体的实验结果，以小鼠、大鼠替代人体试验，是国际科学界通行做法。

其次，进行毒理学等安全评价时，科学家一般不会用人体来做多年多代的试验。第一，现有毒理学数据和生物信息学数据足以证明，转基因食品不存在安全问题。第二，根据世界公认的伦理原则，科学家不应该也不可能用一个食品让人连续吃上10年或20年来做实验，甚至延续到他的后代。第三，用人体试验解决不了转基因食品安全问题。人类的真实生活丰富多彩，食物是多种多样的，如果用人吃转基因食品来评价其安全性，不可能像动物实验那样进行严格的管理和控制，很难排除其他食物成分的干扰作用。

3.转基因食品现在吃了没事，能保证子孙后代也没事吗？

关于长期食用的安全性问题，在转基因食品的安全性评价实验过程中，借鉴了现行的化学品、食品、食品添加剂、农药、医药等安全性评价理念，采取大大超过常规食用剂量的超常量实验，应用一系列世界公认的实验模型、模拟实验、动物实验方法，完全可以代替人体实验并进行推算，长期食用对人是否存在安全性问题。转基因食品与非转基因食品的区别就是转基因表达的目标物质通常是蛋白质，在安全评价时，绝对不允许转入表达致敏物和毒素的基因。只要转基因表达的蛋白质不是致敏蛋白和毒蛋白，这种蛋白质和食物中其他蛋白质没有本质的差别，都是营养物质，蛋白质进入消化系统就被消化成小分子成分了，提供人体所需营养和能量。

人类食用植物源和动物源的食品已有上万年的历史，这些天然食品中同样含有各种基因，从生物学的角度看，转基因食品中的外源基因与普通食品中所含的基因一样，都被人体消化吸收，因此食用转基因食品是不可能改变人的遗传特性的。事实上，人们常吃的食品，即使是最传统的任何一种动植物食品，也包含了成千上万种基因，不可能也没有必

关于转基因的
网络谣言2

要担心食物中来自动物、植物、微生物的基因会改变人的基因或遗传给后代。现代科学没有发现一例通过食物传递遗传物质整合进入人体遗传物质的现象。

4.转基因食品是否影响生育能力？

自2010年2月起，一篇题为《广西抽检男生一半精液异常，传言早已种植转基因玉米》的帖子在网络上传播，引发公众对转基因产品的恐慌。文章称："多年食用转基因玉米导致广西大学生男性精子活力下降，影响生育能力"。

其实，帖子中提到的迪卡007/008玉米为传统的常规杂交玉米，而不是转基因玉米。对此，孟山都公司、广西种子管理站、农业部分别从不同角度予以证实。2月9日，孟山都公司在官方网站公布了"关于迪卡007/008玉米传言的说明"，指出迪卡007玉米是孟山都公司研发的传统常规杂交玉米，2000年通过广西的品种审定，2001年开始在广西推广种植；迪卡008是迪卡007玉米的升级杂交玉米品种，2008年通过审定，同年开始在广西地区推广。广西种子管理站确认了这一说法。3月3日，农业部农业转基因生物安全管理办公室表示，农业部从未批准任何一种转基因粮食种子进口到广西境内种植，国内也没有种植转基因粮食作物。

而广西大学生精液异常的结论，出自广西医科大学第一附属医院在调查研究基础上所提出的《广西在校大学生性健康调查报告》，研究者根本没有提出精液异常与转基因有关的观点，而是列出了环境污染、长时间上网等不健康的生活习惯等因素。发帖者试图将广西大学生精液异常与转基因玉米联系起来，这才是导致公众恐慌的根本原因。

5.虫子吃了转基因抗虫作物会死，人吃了为什么没事？

转基因抗虫作物中的Bt蛋白是一种高度专一的杀虫蛋白，只能与靶标害虫肠道上皮细胞上的特异性受体结合，引起害虫中肠穿孔，造成靶标害虫死亡，而其他的非靶标害虫吃了安然无恙。只有靶标害虫的肠道细胞上含有这种蛋白的结合位点，而人类和哺乳动物肠道细胞上没有该蛋白的结合位点，因此不会对人体造成伤害。另外，人类发现Bt蛋白的来源生物苏云金芽孢杆菌已有100年，Bt制剂作为生物杀虫剂的安全使用记录已有80多年，大规模种植和应用转*Bt*基因玉米、转*Bt*基因棉花等作物已超过28年。至今没有苏云金芽孢杆菌及其蛋白引起过敏反应的报告。

6."先玉335"玉米是不是转基因品种，是否会导致老鼠减少、母猪流产？

2010年9月21日，《国际先驱导报》报道称，"山西、吉林等地因种植先玉335玉米导致老鼠减少、母猪流产等异常现象"。这一报道经媒体转载并引发网络社区讨论，引起较大反响。随后，杜邦公司发表声明，声明指出：先玉335父本是PH4CV，母本是PH6WC，不是转基因玉米。科技部、农业部组织多部门不同专业的专家组成调查组进行多次实地考察。调查组认为，山西、吉林等地没有种植转基因玉米，老鼠减少、母猪流产等现象与转基因无关联。当地老鼠数量减少与吉林榆树和山西晋中连续多年统防统治、剧毒鼠药禁用使老鼠天敌数量增加、农户粮仓水泥地增多使老鼠不易打洞、奥运会期间山西太原作为备用机场曾做过集中灭鼠等措施直接相关。至于"母猪流产"问题与当地实际情况严重不符，属虚假报道。《国际先驱导报》的这篇报道被《新京报》评为"2010年十大科学谣言"。

7.肿瘤发生是否与转基因大豆油消费有关？

2013年6月，在《转基因大豆与肿瘤和不孕不育高度相关》一文中，某省大豆协会负责人完全曲解了年初中国肿瘤登记中心发布的《2012中国肿瘤登记年报》的数据。该负责人称，河南、河北、上海、广东、福建等地，是消费转基因大豆油较多区域，而这些区域同时也是肿瘤发病集中区，致癌原因可能与转基因大豆油消费有极大相关性。

这种说法没有任何流行病学证据，已被医学专家否定。事实上，癌症高发与消费转基因大豆油之间根本没有因果关系。像这样的曲线可以画很多条，但有相关性的事物不一定有因果关系。以小麦拔节为例，从统计学的角度来说，每年小麦拔节的时候，也是麻疹流行的季节，但两者并没有直接关联。众所周知，目前人的寿命延长了，农药使用量也增加了，这两者之间如果画一条曲线，肯定有相关关系，但如果得出二者存在因果关系的结论就太荒谬了。诱发癌症发生的因素很多，包括遗传因素等个体差异、饮食习惯、生活习惯等生活因素，水体、空气、土壤等环境因素，医疗水平、老龄化等社会因素，这些都是与癌症发病率有关联的重要方面。

8.法国研究者关于转基因玉米大鼠致癌性的试验报告是否可靠？

2012年9月19日，《食品和化学毒物学》杂志发表法国教授塞拉利尼的文章"农达（草甘膦）除草剂和抗农达（草甘膦）转基因玉米的长期毒性"，得出转基因玉米NK603致癌的结论。

权威机构已彻底否定了塞拉利尼的研究结论。欧洲食品安全局认为，该研究结论不仅缺乏数据支持，而且实验设计和方法存在严重漏洞：①研究使用的大鼠是一种容易发生肿瘤的品系；②研究未遵循国际公认的实验准备与实施的标准方法；③对于这一类型的研究，国际食品法典委员会要求每个实验组至少需要50只大鼠。该研究每个实验组只使用10只大鼠，不足以区分肿瘤发生是由于概率

还是特别的处理导致；④缺乏喂食大鼠的食物组成、储存方式或其可能含有的有害成分（例如真菌毒素）等细节。法国国家农业科学研究院院长François Houllier在《自然》杂志发表文章指出，这一研究缺乏足够的统计学数据，其实验方法、数据分析和结论都存在缺陷。

2013年11月28日，《食品和化学毒物学》杂志发表声明，决定撤回这篇文章，并强调该撤回决定是在对该文及其报告数据进行了彻底的、长时间的分析，以及对论文发表的同行评议过程进行调查之后做出的。

9.西方国家吃不吃转基因食品？是不是对转基因食品"零容忍"？

美国是转基因技术研发强国，也是转基因食品生产和应用大国。据美国农业部2013年6月30日发布的数据：按种植面积计算，美国

90%的玉米和棉花、93%的大豆、99%的甜菜，都是转基因品种。转基因甜菜用于制糖，几乎100%供美国国内食用。据美国杂货制造商协会统计：美国75%～80%的加工食品中都含有转基因成分。2013年10月美国农业部部长顾问霍兹曼接受媒体采访时说，美国的玉米和大豆超过90%都是转基因的，其中20%的玉米和40%的大豆用于出口，其余都用于本国消费，美国市场上约七成加工食品中都含有转基因成分。据联合国粮食与农业组织2009年的统计数据：美国当年大豆产量9 141.7万吨，44%用于出口，其余都用于国内消费，其中93.1%用于食用；玉米年产量超过3.3亿吨，14.6%用于出口，国内28.7%用于食用。可以说，美国是吃转基因食品种类最多、时间最长的国家。

欧洲也是转基因产品进口和食用较多的地区，每年进口玉米400万吨、大豆3 300万吨左右，进口产品中大多含有转基因成分。1998年，欧盟批准了转基因玉米等在欧洲种植和上市，获得授权的转基因玉米23种、油菜3种、马铃薯1种、大豆3种、甜菜1种。2013年，西班牙、葡萄牙、捷克、斯洛伐克、罗马尼亚5个国家种植转*Bt*基因玉米面积14.8万公顷。2014年2月11日，欧盟委员会又批准了1种新型转基因玉米的种植。

10.种植转基因耐除草剂作物是否会产生"超级杂草"并破坏生态环境？

转基因耐除草剂作物不会成为无法控制的超级杂草，种植转基因耐除草剂作物也不会使别的植物变成无法控制的杂草。由于基因漂流，1995 年研究人员在加拿大的油菜地里发现了个别油菜植株可以耐 1 ~ 3 种除草剂，因此有人称它为"超级杂草"。事实上，这种油菜在喷施另一种除草剂 2,4-D 后即可全部被杀死。其实，"超级杂草"只是一个形象化的比喻，目前并没有证据证明"超级杂草"的存在。同时，基因漂流现象也并不是从转基因作物开始的，而是自古就有。如果没有基因漂流，就不会有进化，世界上也就不会有这么多种的植物和作物栽培品种。当然，油菜是异花授粉作物，通过虫媒传粉，花粉传播距离比较远，且在自然界中存在相关的物种和杂草可以与它杂交，因此对其基因漂流的后果需要加强跟踪。2013 年国际权威期刊《自然》发表主题为"转基因作物的事实与谣传"的特刊，认为在现代农业生产系统中，完全放弃化学除草剂并不可行，因为使用化学除草剂来控制杂草比传统翻土耕作更具效率。

11. 转基因作物能不能增产？

产量不是单由基因决定的，农业上的增产与否受多种因素影响，转基因抗虫、耐除草剂品种能减少害虫和杂草危害，减少产量损失，实际起到了增产的效果。因此，转基因农作物的增产效果是客观存在的。同时，作物基因的类型很多，不同基因功能不同。与作物增产相关的基因有多种类型，既有与理论产量本身直接相关的基因，也有影响产量形成的其他因素（如病虫、草害、盐碱、干旱等）的基因。作物是否增产与转入基因的功能有关，目前转入作物并得到普遍应用的是抗虫和耐除草剂基因，并不是以增产为直接目的的，但由于减少了农药使用，增加了种植密度，通过节本增效、减少损失客观上增加了作物产量。长远看，转基因作物直接增产将有赖于科技进步。值得一提的是，巴西、阿根廷等国种植转基因大豆后产量大幅度提高，已分别成为全球第二、第三大大豆出口国；南非推广种植转基因抗虫玉米后，单产提高了一倍，由玉米进口国变成了出口国；印度引进转基因抗虫棉后，也由棉花进口国变成了出口国。

12. 目前市售的小西红柿、彩椒、小南瓜、小黄瓜等是不是转基因食品？

网上流传一份转基因食品名单，包括圣女果、大个彩椒、小南瓜、小黄瓜。其实，这些都不是转基因食品。植物是大自然赋予人类的宝贵财富，人类在长期的农耕实践中对野生植物进行栽培和驯化，从而形成了丰富的作物类型。植物本身的特性、野生植物类型、地球气候和生态条件变化以及人工选育等造就了农作物的多样性。

以番茄为例，番茄原产自南美洲秘鲁、厄瓜多尔、玻利维亚、智利等国，至今在那里还可以发现几乎全部的野生种，当地土著居民自古至今都从自然界中采摘食用。随着印加帝国的灭亡和印第安人的迁徙，最初番茄被传到北美洲南部的墨西

哥，在墨西哥湾土地肥沃、温暖湿润的气候条件下，经自然演变和人工选择产生了丰富多彩的变异。目前市面上的番茄品种十分丰富，琳琅满目，按大小分为特大果、大果、中果、小果、特小果；按颜色分为火红、粉红、橙黄、金黄、黄、淡黄等；按形状分为圆球形、扁圆形、牛心形、苹果形、桃形、长圆形、樱桃形、梨形、李形等。

彩椒是由于含有不同类型的花青素，才表现出丰富的颜色。彩椒的颜色只是因为天然存在的遗传基因差异，与品种有关，与转基因没有什么关系。彩色辣椒是天然存在的，只是过去未大面积种植，普通消费者很少见到。

13. 转基因育种是否违背生物进化规律？

"物竞天择，适者生存"，生物通过遗传、变异，在生存斗争和自然选择中，由简单到复杂，由低等到高等，不断发展、变化。种属内外甚至不同物种间基因通过水平转移，不断打破原有的种群隔离，是生物进化的重要原因。生命起源与生物进化研究表明，自然界打破生殖隔离、进行物种间基因转移的现象古已有之，现在仍在悄悄发生，只不过非专业人员很难了解而已。例如目前得到广泛运用的转基因经典方法——农杆菌法，就是人们向自然界学习的结果。因为在自然条件下，农杆菌就可以把自己的基因转移到植物中，并得到表达。

当今，人们种植的绝大部分作物早已不是自然进化而生的野生种，而是经过千百年人工改造，不断打破生物间生殖隔离、转移基因所创造的新品种和新物种，是人为驯化的结果。转基因技术是人类最新的育种驯化技术，不仅能实现种内基因转移，而且能实现物种间的基因转移，是一种更准确、更高效、更有针对性的定向育种技术。

（六）转基因玉米、大豆还需要进行病虫害防治吗？///

转基因抗虫耐草甘膦玉米及耐草甘膦大豆，仅具有抗玉米螟、黏虫等鳞翅目害虫或耐草甘膦除草剂的特性，对玉米和大豆的其他病害以及双斑萤叶甲等虫害不具有防治作用，因此还需要积极防治。

（七）在转基因玉米、大豆种植过程中应用草甘膦除草，有没有需要注意的事项？/////////////////////////////////

草甘膦是一种非选择性、广谱性、无残留的苗后除草剂，通过植物叶片和非木质化的茎秆吸收，传导到植物全株各部位，可防除一年生、多年生禾本科杂草以及莎草科和阔叶杂草，如马唐、狗尾草、稗草、看麦娘、双穗雀稗、野燕麦等。对百合科、旋花科和豆科一些抗性较强的杂草，只要加大剂量，仍然可以有效防除。施药后，药剂从韧皮部开始传导，24

小时内大部分转移到地下根、茎中。施药后植物中毒症状表现较慢，一年生杂草一般 3～5 天后开始出现反应，15 天后全部死亡；多年生杂草，在施药后 3～7 天，地上部分叶片逐渐枯黄，继而变褐，最后倒伏，地下部分腐烂，20～30 天后地上部分基本干枯。

耐草甘膦玉米、大豆田防除田间杂草时，施用草甘膦技术具有简单、防效好、节本增效的优点，但仍需注意以下事项：

（1）当气温低于 15℃时，喷施草甘膦难以发挥较好的除草效果。要等气温回升并加入表面活性剂进行喷施，效果较好；

（2）喷施草甘膦除草剂时，为防止草甘膦漂移对其他作物产生药害，选择无风天气施用或对喷头进行物理遮挡。避免在大豆花期、节荚期喷施草甘膦除草剂；

（3）喷施草甘膦除草剂时，不可使用无人机作业；

（4）在使用草甘膦时，不可随意加入其他除草剂。喷药后 6～8 小时，若遇雨，则重喷；

（5）对喷施草甘膦后易发生二次杂草的转基因玉米种植田块，可施用 41% 草甘膦异丙铵盐水剂（草甘膦含量为 30%）200

毫升+960克/升精异丙甲草胺100毫升来有效解决玉米田二次杂草问题，对于转基因玉米、大豆轮作田块来说，也是安全的；

（6）草甘膦只可用于耐草甘膦作物，不可用于非耐草甘膦作物。

耐除草剂大豆高效绿色种植技术指导

耐除草剂玉米大豆田草甘膦的使用

内蒙古转基因玉米种植农户
2023年采访实录

耐除草剂玉米大豆田前茬药害的
防治措施

转基因玉米的田间管理

附录　相关法律法规

《中华人民共和国种子法》

《中华人民共和国生物安全法》

《农业转基因生物安全管理条例》

《农业转基因生物安全评价管理办法》

《农业转基因生物进口安全管理办法》

《农业转基因生物标识管理办法》

《农业转基因生物加工审批办法》

图书在版编目（CIP）数据

农业转基因：科技引领　安全护航 / 苏敏莉, 贺小勇, 王桂花编著. -- 北京：中国农业出版社, 2025.

1. -- ISBN 978-7-109-32953-9

Ⅰ. S33

中国国家版本馆CIP数据核字第2025UB3006号

中国农业出版社出版

地址：北京市朝阳区麦子店街18号楼

邮编：100125

策划编辑：王丽萍　　责任编辑：王陈路

版式设计：李文革　　责任校对：吴丽婷　　责任印制：王　宏

印刷：北京缤索印刷有限公司

版次：2025年1月第1版

印次：2025年1月北京第1次印刷

发行：新华书店北京发行所

开本：880mm×1230mm　1/32

印张：3.25

字数：71千字

定价：48.50元